AF649089

DEUTSCHE AKADEMIE DER WISSENSCHAFTEN ZU BERLIN

Veröffentlichungen der Sternwarte in Sonneberg

Band 2

Heft 1

E. AHNERT-ROHLFS

Zur Struktur und Entstehung des Perseidenstroms

Akademie-Verlag GmbH · Berlin 1952

E. Ahnert-Rohlfs

Zur Struktur und Entstehung des Perseidenstroms

Veröffentlichungen der Sternwarte in Sonneberg · Band 2, Heft 1

DEUTSCHE AKADEMIE DER WISSENSCHAFTEN ZU BERLIN

Veröffentlichungen der Sternwarte in Sonneberg

Band 2

Heft 1

E. AHNERT-ROHLFS

Zur Struktur und Entstehung des Perseidenstroms

Akademie-Verlag · Berlin 1952

Erschienen im Akademie-Verlag GmbH., Berlin NW 7, Schiffbauerdamm 19
Lizenz-Nr. 202·100/116/51
Druck: Druckerei „Thomas Müntzer“, Langensalza (D 57275 4022)
Bestell- und Verlagsnummer: 2006/II/1
Preis: 4,80 DM

1. Hauptmerkmale der Perseiden

Unter den alljährlich beobachtbaren kometarischen Meteorströmen steht der Perseidenstrom sowohl bezüglich der Zahl der Meteore wie auch der Zuverlässigkeit seiner Erscheinung nach an erster Stelle.

Die jährliche Wiederkehr der Perseiden besteht seit mindestens zwei Jahrhunderten. Den ersten Hinweis darauf finden wir schon 1762 bei MUSSCHENBROCK: „Stellae (cadentae) potissimum mense Augusto post praegressum aestum trajici observantur, salten ita in Belgio, Leydae et Ultrajecti". A. QUÉTELET [1] berichtet 1839, daß er in nahezu jedem der letzten 25 Jahre eine Bestätigung für die große Häufigkeit der Auguststernschnuppen, die aus der Gegend Camelopardalis kommen, gefunden hätte. Durch das Mitte des vorigen Jahrhunderts reger werdende Interesse an der Meteorastronomie setzte dann eine umfangreiche Beobachtungstätigkeit ein, die die Regelmäßigkeit der Erscheinung bestätigte. — Der von QUÉTELET nur näherungsweise gegebene Radiant war schon 1834 von LOCKE in Cincinnati näher bestimmt und als Konvergenzpunkt in der Perspektive zusammenlaufender, in Wirklichkeit aber annähernd paralleler Bahnen gedeutet worden.

Um aber die Elemente dieser Bahnen zu berechnen, ist außer der Kenntnis des Radianten die heliozentrische Geschwindigkeit der Meteore erforderlich. Für diese fehlte zunächst jeder Anhalt, bis H. A. NEWTON und SCHIAPARELLI nahezu gleichzeitig und unabhängig voneinander aus der täglichen Variation der Häufigkeit der Meteore schlossen, daß die Meteorgeschwindigkeit etwas größer als die parabolische Geschwindigkeit sein müsse. SCHIAPARELLI [2] rechnete 1866 die parabolische Bahn der Perseiden, fand sofort die nahe Übereinstimmung der Bahnelemente mit denen des von OPPOLZER berechneten Kometen 1862 III und konnte damit erstmalig den Nachweis eines Zusammenhanges eines Meteorstroms mit einem Kometen erbringen.

	Elemente der Perseiden nach SCHIAPARELLI	Elemente des Kometen 1862 III nach OPPOLZER
Durchgang durch das Perihel	Juli 23, 62	1862 Aug. 22, 9
Durchgang durch den niedersteigenden Knoten	Aug. 10, 75	
Länge des Perihels	343° 38′	344° 41′
Länge des aufsteigenden Knotens	138° 16′	137° 27′
Neigung	64° 3′	66° 26′
Periheldistanz	0,9643	0,9626
Umlaufszeit	108 Jahre ?	121,5 Jahre
Bewegung	rückläufig	rückläufig

Die Umlaufzeit von 108 Jahren, auf die er durch periodische Erwähnungen von Auguststernschnuppen in alten Chroniken geführt war, hielt SCHIAPARELLI selbst für äußerst zweifelhaft.

Über die Dauer der Perseiden herrschen verschiedene Angaben:

DENNING . . 11. Juli bis 19. August
HOFFMEISTER 20. Juli bis 19. August.

BREDICHIN [3] gibt an, daß die Perseiden 1893 mindestens bis 12. September gedauert haben und daß das schlechte Wetter dann die Beobachtungen beendet habe. OLIVIER [4] schließt nach den Beobachtungen der American Meteor Society, daß die Dauer vom 28. Juli bis 18. August gesichert ist, daß eine Entscheidung über die Zeit vom 21. bis 27. Juli nicht zu treffen ist, daß aber nach dem 18. August keine Perseiden mehr erscheinen.

Die Verschiedenheit der Auffassungen über die Dauer der Perseiden beruht auf den verschiedenen Auffassungen des Begriffs des Radianten. Betrachtet man einen Konvergenzpunkt von zwei bis drei Meteoren als reellen Radianten, so wird man notwendigerweise auf eine längere Dauer geführt als wenn man die von OLIVIER und anderen Mitgliedern des Meteor-Komitees der Amer. Astr. Society geforderten sehr strengen Bedingungen für die Realität eines Radianten erfüllt. Es ist daher zu begrüßen, daß sich GEORGES GUIGAY [5] der Mühe unterzog, die Dauer der Perseiden auf statistische Art zu untersuchen. Er geht dabei von folgenden Gedanken aus: Gibt es nur sporadische Meteore, deren Bahnen zufällig auf der Sphäre verteilt sind, so wird die Zahl der in verschiedenen Intervallen liegenden Abstände der Bahnen von irgendeinem Punkt der Sphäre mit der theoretischen Häufigkeitsverteilung übereinstimmen. Gibt es aber Perseiden und wählt man als Bezugspunkt für die Abstände den Perseidenradianten, so wird die Anzahl der kleinen Abstände größer sein, als es der theoretischen Häufigkeitsverteilung entspricht. Eine solche statistische Untersuchung verlangt Beobachtungen, die sich gleichmäßig über den ganzen Himmel erstrecken und durch die die Perseiden in keiner Weise begünstigt werden. Das geeignete Beobachtungsmaterial fand GUIGAY in dem Katalog von HEIS. Unter Zugrundelegung der 4300 Meteore, die dieser Katalog für die Zeit vom 1. Juli bis 1. September angibt, zeigt GUIGAY, daß die beobachtete Häufigkeitsverteilung sich für die Zeit nach dem 23. August gut der theoretischen anschmiegt, während für die Zeit vom 23. Juli bis 23. August die Abweichungen klar zum Ausdruck kommen. Für die Zeit vor dem 23. Juli erlaubt die geringe Zahl der Meteore im HEISschen Katalog keine Entscheidung. GUIGAYs Schluß, daß die Perseiden mindestens vom 23. Juli bis 23. August tätig sind, erscheint bei Betrachtung seiner Diagramme zwingend.

Die Erde benötigt rund einen Monat, um den Perseidenstrom zu durchqueren, was einer Breite des Stromes von 0,5 AE entspricht. Dabei ist das eigentliche Maximum — das z. Z. am 11. August eintritt — so spitz, daß der Höhepunkt der Meteorerscheinungen in wenigen Stunden vorüber ist. Zwei Tatsachen sind es also, die angesichts des Zusammenhangs der Perseiden mit dem Kometen 1862 III auffallen:

1. Die Perseiden treten jedes Jahr auf.
2. Der Strom hat in der Gegend seines aufsteigenden Knotens eine Breite von annähernd 0,5 AE.

Die alljährliche Erscheinung der Perseiden zeigt, daß die Meteore sich nicht nur in der Nähe des Kometen aufhalten, sondern sich über seine ganze Bahn oder eine ihr ähnliche Bahn ziemlich gleichmäßig verteilt haben. Um diese Verteilung zu erklären, genügen sehr geringe Geschwindigkeitsunterschiede zwischen den einzelnen Teilchen. PICART und CALLANDREAU konnten zeigen, daß durch die unterschiedliche Wirkung der Sonnenanziehung auf einen locker gebauten Kometenkern eine Zerstreuung seiner Materie längs seiner Bahnellipse erklärbar ist.

Die enorme Breite des Stromes zu erklären — also zu untersuchen, durch welche Kräfte sich aus einem Kometen ein derartig breiter Meteorstrom bilden kann — ist das Hauptziel dieser Arbeit. Dazu ist es zunächst erforderlich, aus den Beobachtungen ein Bild über die mutmaßliche Struktur des Stromes zu gewinnen.

2. Die Struktur des Perseidenstroms

Es handelt sich nun darum zu untersuchen, inwieweit sich die Bahnelemente der Teilchen, die die Erde zu Beginn der Stromtätigkeit treffen, von den Elementen der Teilchen unterscheiden, die in der Mitte und gegen Ende beobachtet werden. Ausgehend von den beobachteten Radianten müssen zunächst die Bahnelemente der verschiedenen Teilchen berechnet werden. Um Beobachtungen aus verschiedenen Jahren miteinander vergleichen zu können, ist es zweckmäßig, die Radianten nicht nach dem Datum, sondern nach der Sonnenlänge des Beobachtungszeitpunktes zu ordnen.

Die benutzten Radianten wurden dem Katalog der Konvergenzstellen von Hoffmeister [6] und den von Olivier veröffentlichten Beobachtungen der Amer. Meteor Society in den Jahren 1911—1925 [7] entnommen. Der Hoffmeistersche Katalog beruht auf 57 000 in den Jahren 1908—1938 beobachteten Meteorbahnen, von denen $^2/_3$ von ihm selbst beobachtet wurden. Für die ab 1917 beobachteten Konvergenzstellen gibt Hoffmeister außer der Zahl der Bahnen, auf der die Stelle beruht, noch eine Wahrscheinlichkeitszahl an, deren Größe sich nicht nur nach der Zahl der Meteore richtet, sondern u. a. auch danach, ob der Radiant in einem dicht mit Meteoren bedeckten Gebiet liegt, innerhalb dessen die Gefahr eines zufälligen Entstehens von Konvergenzstellen groß ist. Die höchste Wahrscheinlichkeitszahl ist 10 und bedeutet eine absolut sichere, starke Stromradiation.

Die drei benutzten Olivierschen Verzeichnisse beruhen auf rund 34 000 Meteorbeobachtungen, die ebenso wie die Beobachtungen des Hoffmeisterschen Katalogs in einheitlicher Weise reduziert wurden. Außer der Zahl der Meteore, aus denen sich der Radiant bildet, ist hier an Stelle der Wahrscheinlichkeitszahl ein Gewicht (good, fair, uncertain, poor) gegeben. Auf Benutzung älterer Verzeichnisse (Heis, Schiaparelli, Bredichin, Denning) wurde verzichtet, da die Hoffmeisterschen und Olivierschen Kataloge bereits genügend viel Radianten enthalten. Durch die Hinzunahme der älteren Beobachtungen wäre wohl eher eine größere Inhomogenität als eine Verbesserung des Materials erlangt worden, zumal bei einigen Verzeichnissen sehr fraglich ist, ob die Radianten wegen Zenitattraktion korrigiert sind und häufig auch die Beobachtungen mehrerer Nächte zu einem Radianten zusammengefaßt wurden.

Es wurden zunächst den Verzeichnissen alle Radianten zwischen $\alpha = 20°$ bis $60°$ und $\delta = +45°$ bis $+60°$ entnommen, die bei einer Sonnenlänge von $120°$ bis $145°$ beobachtet wurden. Dann wurden sowohl die Rektaszensionen wie auch die Deklinationen in Abhängigkeit von der Sonnenlänge aufgetragen. Da unter den so erfaßten Radianten noch eine große Zahl sein wird, die auf Konvergenzen von sporadischen Meteoren beruhen, von Meteoren. die nur zufällig zur gleichen Zeit annähernd denselben Radianten haben wie die Perseiden, geben die beiden graphischen Darstellungen zunächst nur ein Streufeld, in dem die Verschiebung des

Radiationszentrums der Perseiden während der Stromtätigkeit nur angedeutet ist. Diese Radiantenverschiebung an der Sphäre wurde bereits 1861 von A. E. TWINING entdeckt und später insbesondere von DENNING verfolgt und von v. NIESSL theoretisch untersucht. Sie folgt aus der Tatsache, daß sich der Winkel, den die Tangente der Erdbahn mit der Tangente des Stromes bildet, ändert, während die Erde den Strom durchläuft.

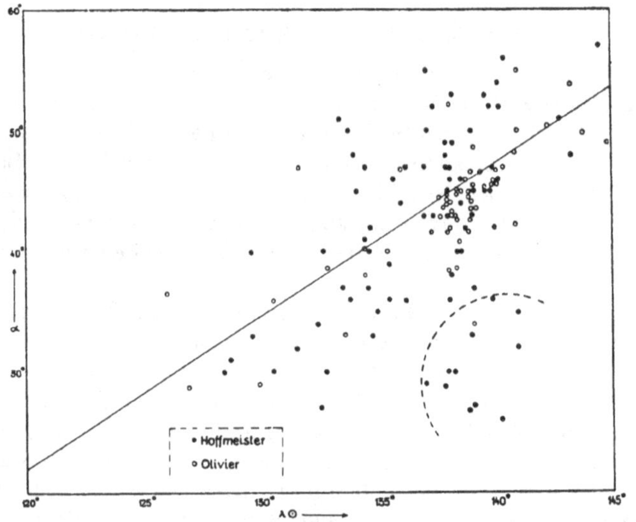

Abb. 1. Rektaszension der scheinbaren Radianten in Abhängigkeit von der Sonnenlänge.

Nun wurden sukzessive die unsichersten Beobachtungen gestrichen, bis sich zeigte, daß sich durch weiteres Weglassen einer bestimmten Qualitätsgruppe kein besseres Bild mehr ergab. So blieben von den HOFFMEISTERschen Konvergenzstellen diejenigen mit den Wahrscheinlichkeitszahlen 6—10.

Die Darstellungen sind in Abb. 1 und 2 gegeben.

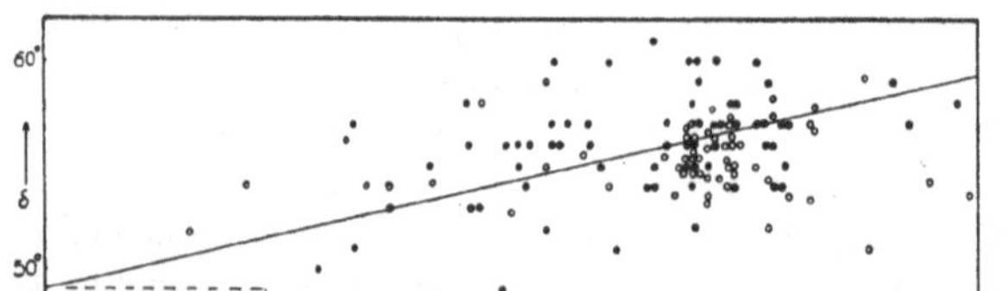

Abb. 2. Deklination der scheinbaren Radianten in Abhängigkeit von der Sonnenlänge.

Die tägliche Verschiebung des Radianten wurde nach der Methode der kleinsten Quadrate ermittelt. Dabei wurde die Gruppe von 12 Radianten in der rechten unteren Ecke von Abb. 1 fortgelassen, da sie vermutlich dem „östlichen Zweig der Perseiden" angehört, den ASTAPOVICH [8] mit dem Kometen 1870 I in Verbindung bringt.

Es ergab sich aus den verbleibenden 128 Radianten:

$$\Delta\alpha = +1^{\circ}\!.42 \text{ (Korrelationskoeffizient } +0.71 \pm 0.04)$$

$$\Delta\delta = +0.42 \text{ (Korrelationskoeffizient } +0.33 \pm 0.08)$$

Im Bulletin of the Observers' Corporation of the Astronomical-Geodetical Society of the USSR finden sich folgende Angaben für die Radiantenverschiebung der Perseiden:

	$\Delta\alpha$		$\Delta\delta$	
Bull. 10:	$+1\overset{\circ}{.}1$	$\pm 0\overset{\circ}{.}3$	$+0\overset{\circ}{.}7$	$\pm 0\overset{\circ}{.}1$
14:	+1.69	±0.15	+0.24	±0.14
25:	+1.43	±0.07	+0.09	±0.01
28:	+1.21	±0.07	+0.02	±0.06
43:	+1.22	±0.20	+0.17	±0.19

Mit Hilfe des Zeiss'schen Koordinatengerätes, das die Erreichung einer Genauigkeit von 2′ gestattet, wurden dann die äquatorialen Koordinaten der Radianten in ekliptikale Koordinaten verwandelt und die tägliche Verschiebung in Länge und Breite durch Ausgleichsrechnung ermittelt:

$$\Delta\lambda = +0\overset{\circ}{.}93 \text{ (Korrelationskoeffizient } +0.70 \pm 0.04)$$
$$\Delta\beta = -0.04 \text{ (Korrelationskoeffizient } -0.05 \pm 0.08)$$

Aus den DENNINGschen Radianten errechnete ich:

$$\Delta\lambda = +0\overset{\circ}{.}98$$
$$\Delta\beta = -0\overset{\circ}{.}03$$

Aus den von GUIGAY [5] auf Grund photographischer Beobachtungen ermittelten Perseiden-Radianten ergibt sich:

$$\Delta\lambda = +0\overset{\circ}{.}76$$
$$\Delta\beta = -0\overset{\circ}{.}07$$

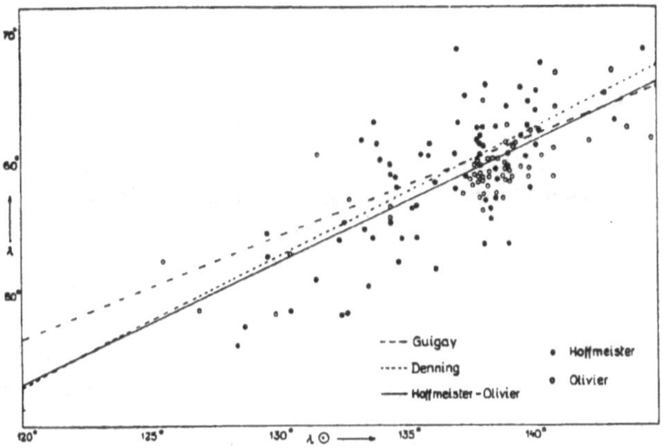

Abb. 3. Länge der scheinbaren Radianten in Abhängigkeit von der Sonnenlänge.

Abb. 3 und 4 zeigen die in der vorliegenden Arbeit benutzten Radianten in ekliptikalen Koordinaten sowie die durch Ausgleichsrechnung erhaltenen Geraden. Die etwas nördlichere Lage der DENNINGschen Radianten gegenüber den in dieser Arbeit benutzten Radianten rührt wohl daher, daß die DENNINGschen Radianten nicht wegen Zenitattraktion korrigiert sind.

GUIGAY betrachtet in der bereits zitierten Arbeit als Hauptmerkmal der Perseiden die Unveränderlichkeit von β und der Differenz λ–⊙ und zeigt, daß die

Konstanz dieser beiden Werte nicht durch Wirkungen von Erde und Saturn auf den Perseidenstrom erklärt werden kann. $\lambda - \odot =$ constans und $\beta =$ constans bedeutet, daß sich der scheinbare Radiant des Stromes täglich um 1° in Länge parallel zur Ekliptik verschiebt. Aus den von GUIGAY selbst aus photographischen Beobachtungen (HARVARD, YALE u. a.) berechneten 62 Perseidenradianten aber ergibt sich eine tägliche Verschiebung

$$\Delta(\lambda - \odot) = -0\overset{\circ}{.}24$$
$$\Delta\beta = -0\overset{\circ}{.}07$$

Aus den DENNINGschen Radianten ergibt sich:

$$\Delta(\lambda - \odot) = -0\overset{\circ}{.}02$$
$$\Delta\beta = -0\overset{\circ}{.}03.$$

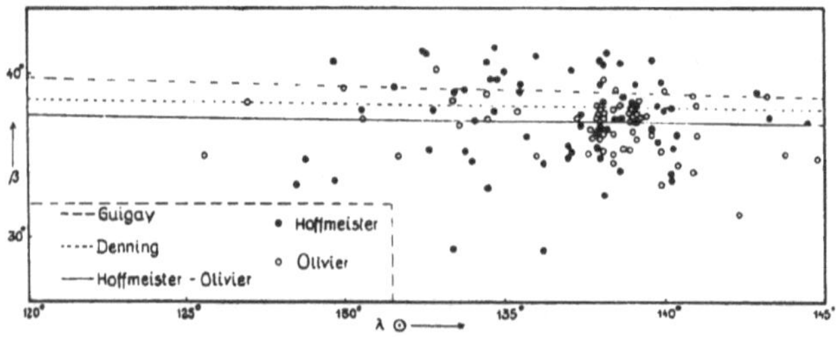

Abb. 4. Breite der scheinbaren Radianten in Abhängigkeit von der Sonnenlänge.

Aus dem in vorliegender Arbeit benutzten Material (HOFFMEISTER, OLIVIER)

$$\Delta(\lambda - \odot) = -0\overset{\circ}{.}07$$
$$\Delta\beta = -0\overset{\circ}{.}04.$$

Es wird nun für die folgenden Betrachtungen angenommen, daß die ekliptikalen Koordinaten der zu verschiedenen Sonnenlängen gehörenden Perseidenradianten durch die aus dem HOFFMEISTERschen und OLIVIERschen Material gewonnenen Geraden der Abb. 3 und 4 gegeben sind. Aus diesen zweifellos vorhandenen systematischen Verschiebungen sollen zunächst Schlüsse auf die Struktur des Stromes gezogen werden. Die Streuung der beobachteten Radianten um diese Geraden, die zu groß ist, um nur durch Beobachtungsfehler entstanden zu sein, soll später betrachtet werden.

Es handelt sich also zunächst darum, aus den Radianten die Bahnelemente der Teilchen zu bestimmen, die die Erde zu verschiedenen Zeitpunkten treffen. Dazu ist es erforderlich, daß die großen Halbachsen der Bahnen bekannt sind oder von Anfang bestimmte Voraussetzungen über die Struktur des Stromes gemacht werden. Betrachten wir zunächst die Ergebnisse einiger Arbeiten, die das Ziel verfolgen, unter gewissen Annahmen über die Bahnelemente oder die Bewegungsrichtungen der Teilchen die scheinbaren Radianten zu berechnen.

1. v. NIESSL [9] berechnet die Radiantenverschiebungen für parabolische und hyperbolische Bahnen. Er nimmt an, daß sämtliche zu einem Strom gehörige Teilchen beim Eintritt in die Anziehungssphäre der Sonne dieselbe Geschwindigkeit und Bewegungsrichtung haben und im Planetensystem dann Bahnen von verschiedener Neigung, verschiedenem Parameter, beziehungsweise verschiedenen Achsenverhältnissen entstehen, die jedoch alle dieselbe Apsidenlinie haben. Unter der Annahme einer Parabel findet er für die Perseiden

$$\Delta\lambda = +1{,}^\circ 12$$
$$\Delta\beta = +1{,}^\circ 12.$$

Zur Zeit des Erscheinens der v. NIESSLschen Arbeit lag noch zu wenig Beobachtungsmaterial über die Perseidenradianten vor, um einen Vergleich der errechneten Werte mit den beobachteten zu ermöglichen.

2. WEISS [10] erhielt unter den Voraussetzungen, daß in einem Fall die Neigung und der Abstand des Perihels vom Knoten, im anderen Neigung und Länge des Perihels konstant bleiben und gleich den entsprechenden Elementen der Bahn des Kometen 1862 III sind, eine Radiantenverschiebung in Länge, die ungefähr mit v. NIESSLS Wert übereinstimmt, jedoch infolge der unverändert beibehaltenen Neigung eine ganz geringfügige Radiantenverschiebung in Breite.

3. SVOBODA [11] errechnete die Radianten der Lyriden unter der Voraussetzung, daß die Meteorbahnen Ellipsen kongruent der des Kometen seien, sich aber um die festgehaltene Apsidenlinie drehen, und bemerkt am Ende der Arbeit: „En s'efforçant à prouver la même chose au cas des Perséides, je suis parvenu à une découverte interéssante, que le radiant variable de M. DENNING est une conséquence de la combination de deux courants indépendants, dont l'un est en connexion avec la comète 1862 III, l'autre avec la comète 1870 I".

4. KLEIBER fand eine gute Übereinstimmung seiner errechneten Perseidenradianten mit DENNINGS Radianten unter der Voraussetzung, daß die große Halbachse a, die Neigung i und der Abstand des Perihels vom Knoten $\omega = \pi - \odot$ konstant bleiben. Leider war die KLEIBERsche Arbeit nicht zugänglich. Hinweise auf sie fanden sich in [4] S. 235 und in [12].

Unter v. NIESSLS Voraussetzungen werden demnach die Beobachtungen nicht dargestellt. Ebenso geht aus der Bemerkung SVOBODAS hervor, daß sich die beobachtete Radiantenverschiebung nicht aus einer Drehung der Ellipse des Kometen 1862 III um eine festgehaltene Apsidenlinie ergibt.

Dagegen stellen die WEISSschen und KLEIBERschen Annahmen: konstante Neigung und konstanter Abstand des Perihels vom Knoten oder konstante Neigung und konstante Länge des Perihels anscheinend sowohl die beobachteten Radiantenörter wie auch die beobachtete Radiantenverschiebung dar.

Konstante Neigung i und konstanter Perihelabstand vom Knoten bedeuten aber für die Werte des Kometen 1862 III $i = 113^\circ$ $\omega = 153^\circ$ eine Drehung der Apsidenlinie. (Für $i = 90^\circ$ und $\omega = 90^\circ$ hätte man dagegen eine Drehung der Bahnellipse des Kometen um eine festgehaltene Apsidenlinie). Konstante Neigung i und konstante Länge des Perihels π bedeutet, daß der Abstand des Perihels vom Knoten ω täglich um 1° abnimmt, d. h. daß die Teilchen, die an einem bestimmten Tag beobachtet wurden, eine um 1° größere wahre Anomalie haben als die Teilchen, die am Tag vorher beobachtet wurden. Auch in diesem Falle ändert sich die Richtung der Apsidenlinie.

Um zu prüfen, ob und wieweit auch die GUIGAYsche Annahme $\lambda\text{-}\odot =$ constans und $\beta =$ constans eine Drehung der Apsidenlinie zur Folge hat, wurden nun die Bahnelemente der Teilchen, die jeweils im Abstand von 5 Tagen beobachtet wurden, aus dem scheinbaren Radianten errechnet, dessen Ort durch $\lambda\text{-}\odot = 282^\circ$ und $\beta = +38^\circ$ gegeben ist. Dabei wurde angenommen, daß die Bahnen aller Teilchen die gleiche Halbachse wie der Erzeugerkomet haben. F. HAYN [13] bestimmte die Bahnelemente des Kometen 1862 III in seiner Dissertation zu:

$$T = 1862 \text{ Aug. } 22.946090 \text{ MZ Berlin}$$
$$\left.\begin{aligned} \pi &= 290^\circ\ 12'\ 42''.41 \\ \Omega &= 137\ \ 27\ \ 13.65 \\ i &= 113\ \ 34\ \ \ 9.20 \end{aligned}\right\} \text{ M. Äqu. } 1862.0$$

$$\lg q = 9.9834626$$
$$e = 0.9603525$$
$$U = 119.638 \text{ Jahre},$$

wobei er eine außerhalb der Grenzen 121.9 und 117.4 Jahre liegende Umlaufszeit für nicht mehr mit den Beobachtungen vereinbar hält. Umgerechnet auf M. Äqu. 1925.0 erhält man:

$$\Omega = 138^\circ 19'$$
$$i = 113^\circ 34'$$
$$\omega = 152^\circ 45'$$
$$\pi = 291^\circ 4'$$

Die große Halbachse ergibt sich zu $a = 24.2807\ AE$. Die Exzentrität der Erdbahn wurde wie auch bei den folgenden Rechnungen berücksichtigt. Es ergeben sich die folgenden Werte:

Tabelle 1

$\Omega = \odot$	$\lambda(w)$	$\beta(w)$	i	e
118°19′	58°26′10″	62°24′20″	114°19′38″	0.960 460
123 19	63 19 59	62 25 54	114 19 33	0.960 462
128 19	68 13 45	62 27 30	114 19 24	0.960 469
133 19	73 8 34	62 29 6	114 19 8	0.960 482
138 19	78 3 25	62 30 43	114 18 47	0.960 497
143 19	82 58 44	62 32 15	114 18 23	0.960 520
148 19	87 54 10	62 33 44	114 17 57	0.960 543

$\Omega = \odot$	Θ	π	l	b
118°19′	27°27′.9	270°51′.1	310°24′.2	24°51′.0
123 19	27 19.9	275 59.1	315 20.1	24 43.9
128 19	27 12.8	281 6.2	320 16.5	24 37.6
133 19	27 6.3	286 12.7	325 13.2	24 31.9
138 19	27 0.5	291 18.5	330 10.1	24 26.8
143 19	26 55.4	296 23.6	335 7.4	24 22.3
148 19	26 50.9	301 28.1	340 6.0	24 18.4

Dabei bedeuten:

$\lambda(w)$ = Länge des wahren Radianten
$\beta(w)$ = Breite des wahren Radianten
i = Neigung der Bahn gegen die Ekliptik
e = Numerische Exzentrizität
Θ = wahre Anomalie des Teilchens im absteigenden Knoten
π = Länge des Perihels
l = heliozentrische Länge des Perihels
b = heliozentrische Breite des Perihels.

Da der Perseidenradiant nördlich der Ekliptik liegt, beobachten wir die Perseiden im absteigenden Knoten ihrer Bahn, und die Länge des aufsteigenden Knotens ist gleich der Sonnenlänge.

Wie die Werte von l und b zeigen, ergeben sich auch unter der Annahme $\lambda - \odot = \text{const.}$ und $\beta = \text{const.}$ Bahnen mit verschiedenen Richtungen der Apsidenlinie.

Berechnet man die Bahnelemente der einzelnen Teilchen unter Zugrundelegung der Radiantenorte, die durch die aus dem HOFFMEISTERschen und OLIVIERschen Material gewonnenen Geraden der Abbildung 3 und 4 gegeben sind, und einer großen Halbachse von 24.2807 *AE*, so erhält man die Werte der Tabelle 2.

Tabelle 2

$\Omega = \lambda\odot$	$\lambda(w)$	$\beta(w)$	i	e
118°19′	62°39′ 5″	63°14′19″	112°36′28″	0.960 866
123 19	66 28 54	63 4 2	113 2 21	0.960 771
128 19	70 20 40	62 54 9	113 27 2	0.960 678
133 19	74 10 54	62 42 9	113 53 36	0.960 587
138 19	78 3 14	62 30 33	114 18 55	0.960 499
143 19	81 56 18	62 18 34	114 44 3	0.960 414
148 19	85 50 8	62 6 11	115 9 1	0.960 331
153 19	89 49 32	61 53 29	115 33 49	0.960 250

$\Omega = \lambda\odot$	Θ	π	l	b
118°19′	30° 2′.4	268°16′.6	310°51′	27°31′
123 19	29 17.6	274 1.4	315 42	26 46
128 19	28 32.8	279 46.2	320 32	26 0
133 19	27 47.1	286 31.9	325 22	25 14
138 19	27 1.7	291 17.3	330 11	24 28
143 19	26 15.9	297 3.1	335 14	23 42
148 19	25 29.8	302 49.2	339 48	22 56
153 19	24 42.7	308 36.3	344 33	22 9

Auch hier zeigt sich wieder eine starke Drehung der Apsidenlinie, eine geringe Änderung der Neigung und praktische Unveränderlichkeit der Exzentrizität.

Da die großen Halbachsen durch spezielle Erdstörungen stark verändert werden können, ist es wenig wahrscheinlich, daß alle Teilchen jetzt noch die gleiche große Halbachse haben. Die beobachteten Radianten aber lassen sich durch beliebig gewählte große Halbachsen darstellen. Es wurde deshalb untersucht, ob die in Sonneberg aus dem Quotienten Bahnlänge: Dauer unter Zugrundelegung der mittleren Endhöhen [14] gewonnenen Perseidengeschwindigkeiten einen bestimmten Gang mit der Sonnenlänge zeigen. Mehr als ein qualitativer Hinweis konnte dabei von vornherein nicht erwartet werden, da die so gewonnenen Meteorgeschwindigkeiten starke systematische Fehler aufweisen können. Aus den geozentrischen Geschwindigkeiten von 270 Perseiden ergaben sich nach einer Ausgleichung folgende Werte für die heliozentrischen Geschwindigkeiten:

$\odot = \Omega$	(km/sec)
132°	47.58
134°	44.44
136°	41.30
138°	38.16
140°	35.02

Wenn auch der Gang der Geschwindigkeiten zu groß ist, so darf man doch vielleicht schließen, daß ein Abnehmen der großen Halbachse mit wachsender Sonnenlänge etwas wahrscheinlicher ist als ein Zunehmen. Im Einklang mit dem systematischen Gang der Radianten und der übrigen Bahnelemente mit der Sonnenlänge wäre nun a als Funktion der Sonnenlänge anzusetzen. Es sollen folgende Fälle näher berechnet werden:

1. a nimmt mit wachsender Sonnenlänge gleichmäßig zu, und zwar um 1 AE für 1° Sonnenlänge $\Delta a = +1\ AE$.
2. a nimmt mit wachsender Sonnenlänge gleichmäßig ab, und zwar um 1 AE für 1° Sonnenlänge $\Delta a = -1\ AE$.
3. a nimmt mit wachsender Sonnenlänge zu, aber Δa nimmt gleichmäßig ab. Als Beispiel wurde $\Delta a = +0.6125 - 0.0303\ \Delta\odot$ gewählt.
4. a nimmt mit wachsender Sonnenlänge ab und Δa nimmt gleichmäßig ab. Es wurde als Beispiel $\Delta a = -0.7916 + 0.0642\ \Delta\odot$ gewählt ($\Delta\odot$ in Grad).

Als Ausgangswert für a wurde dabei stets $a = 24.2807\ AE$ für $\odot = 138°\ 19'$

Tabelle 3

$\Omega = \odot$	a	$\lambda(w)$	$\beta(w)$	i	e	Θ	π	l	b	q
					$\Delta a = +1\ AE$					
118°19′	4.2807	64°55′42″	64°30′54″	110°56′14″	0.780 285	34° 5′.2	269°13′.8	311°52′	31°35′	0.9405
123 19	9.2807	67 10 19	63 29 29	112 30 00	0.897 665	30 28.8	272 50.2	316 1	27 57	0.9497
128 19	14.2807	70 35 37	63 3 57	113 14 49	0.933 217	29 1.2	279 17.8	320 40	26 28	0.9537
133 19	19.2807	74 16 48	62 46 11	113 48 25	0.950 389	27 58.4	285 20.6	325 25	25 25	0.9565
138 19	24.2807	78 3 14	62 30 33	114 18 55	0.960 499	27 1.6	291 17.4	330 11	24 28	0.9591
143 19	29.2807	81 52 53	62 15 53	114 47 13	0.967 165	26 9.2	297 9.8	334 57	23 35	0.9614
148 19	34.2807	85 44 30	62 1 36	115 14 36	0.971 893	25 19.1	302 59.9	339 43	22 45	0.9635
153 19	39.2807	89 38 34	61 47 20	115 40 43	0.975 420	24 30.9	308 48.1	344 30	21 58	0.9655
					$\Delta a = -1\ AE$					
118°19′	44.2807	62°27′32″	63° 7′29″	112°30′36″	0.978 602	30°30′.1	267°48′.9	311° 2′	27°58′	0.9475
123 19	39.2807	66 19 39	62 58 11	113 9 45	0.975 737	29 2.2	274 16.8	315 38	26 30	0.9531
128 19	34.2807	70 12 7	62 48 30	113 34 5	0.972 135	28 20.8	279 58.2	320 29	25 48	0.9552
133 19	29.2807	74 7 7	62 39 29	113 56 51	0.967 309	27 40.5	285 38.5	325 20	25 7	0.9572
138 19	24.2807	78 3 14	62 30 33	114 18 55	0.960 499	27 1.6	291 17.4	330 11	24 28	0.9591
143 19	19.2807	82 1 40	62 22 39	114 39 10	0.950 166	26 25.7	296 53.3	335 2	23 52	0.9608
148 19	14.2807	86 3 56	62 17 24	114 55 50	0.932 615	25 55.7	302 23.3	339 54	23 22	0.9623
153 19	9.2807	90 16 27	62 19 40	115 3 4	0.896 229	25 44.8	307 34.2	344 54	23 9	0.9631
					$\Delta a = +0.6125 - 0.0303\ \Delta\odot$					
118°19′	6.2737	63°58′40″	64° 0′ 1″	111°37′ 0″	0.849 407	32°19′.1	265°59′.9	311°26′	29°48′	0.9448
123 19	11.9117	66 55 7	63 20 14	112 41 46	0.920 181	30 2.2	273 16.8	315 53	27 30	0.9507
128 19	16.7922	70 30 2	63 0 17	113 19 23	0.943 182	28 50.6	279 28.4	320 37	26 18	0.9541
133 19	20.9152	74 14 33	62 44 40	113 50 30	0.954 256	27 53.6	285 25.4	325 24	25 20	0.9567
138 19	24.2807	78 3 14	62 30 33	114 18 55	0.960 499	27 1.7	291 17.3	330 11	24 28	0.9591
143 19	26.8887	81 54 22	62 17 3	114 45 51	0.964 249	26 12.1	297 6.9	334 58	23 23	0.9613
148 19	28.7392	85 47 10	62 3 44	115 11 54	0.966 478	25 25.3	302 53.7	339 45	22 51	0.9634
153 19	29.8322	89 41 10	61 50 32	115 37 13	0.967 641	24 36.6	308 42.4	344 31	22 3	0.9652
					$\Delta a = -0.7916 + 0.0642\ \Delta\odot$					
118°19′	52.3107	62°25′32″	63° 6′13″	112°46′55″	0.981 819	29°40′.0	268°39′.0	310°45′	27° 9′	0.9511
123 19	42.8957	66 18 27	62 57 24	113 10 45	0.977 783	29 2.6	274 16.4	315 39	26 30	0.9530
128 19	35.0857	70 12 13	62 48 36	113 33 49	0.972 774	28 19.9	279 59.1	320 29	27 47	0.9552
133 19	28.8807	74 7 23	62 39 40	113 56 37	0.966 857	27 41.1	285 37.9	325 20	25 8	0.9572
138 19	24.2807	78 3 14	62 30 33	114 18 55	0.960 499	27 1.7	291 17.3	330 11	24 28	0.9591
143 19	21.2857	81 59 13	62 20 47	114 41 23	0.954 831	26 20.5	296 58.1	335 0	23 47	0.9609
148 19	19.8957	85 54 26	62 9 41	115 4 55	0.951 579	25 37.7	302 41.3	339 49	23 4	0.9629
153 19	20.1107	89 48 24	61 56 47	115 29 57	0.951 997	24 50.3	308 28.7	334 35	22 17	0.9649

gewählt, — also angenommen, daß die Teilchen, die sich in der Bahn des Kometen bewegen, auch die große Halbachse des Kometen haben.

Es ist kaum anzunehmen, daß diese ziemlich willkürlichen Annahmen den tatsächlichen Verhältnissen entsprechen. Sie dienen nur dazu abzuschätzen, wie sich bei veränderlicher großer Halbachse die übrigen Bahnelemente ändern. Es ergaben sich die Werte der Tabelle 3.

Ein Vergleich der Werte der Tabellen 2 und 3 zeigt, daß die unter so verschiedenen Voraussetzungen gerechneten Bahnen folgende gemeinsame Züge aufweisen:

1. Die Neigungen liegen alle zwischen 111° und 116° und nehmen um 2° 1/2—5° zu, wenn die Knotenlänge um 35° wächst.
2. Die Perihellängen liegen zwischen 266° und 309° und nehmen bei einer Zunahme des Knotens um 35° um 40° bis 43° zu.
3. Die Exzentrizitäten liegen zwischen 0.78 und 0.98. Sie wachsen mit der großen Halbachse.
4. Die Perihelabstände q liegen zwischen 0.940 und 0.965; sie nehmen mit wachsender Knotenlänge zu.
5. Die Apsidenlinien drehen sich.

Um die räumliche Lage dieser Meteorbahnen zu veranschaulichen, wählen wir ein Koordinatensystem ξ', η', ζ', dessen Nullpunkt die Sonne bildet, so, daß die ξ'-Achse durch die Knotenlinie des betrachteten Meteors gegeben ist, die η'-Achse senkrecht zur ξ'-Achse in der Ekliptik liegt und die ζ'-Achse senkrecht zur Ekliptik steht. Ein Punkt P einer Meteorbahn hat dann die Koordinaten:

$$\begin{aligned} \xi' &= r \cos (\Theta + \omega) \\ \eta' &= r \sin (\Theta + \omega) \cos i \\ \zeta' &= r \sin (\Theta + \omega) \sin i. \end{aligned}$$

Wählen wir nun ein festes System ξ, η, ζ, das sich von dem System ξ', η', ζ' dadurch unterscheidet, daß die ξ-Achse durch die Knotenlinie des Kometen, also durch die Länge 138° 19′ gegeben ist, so sind die Koordinaten eines Punktes einer beliebigen Bahn in dem neuen System:

$$\begin{aligned} \xi &= \xi' \cos (\Omega - 138^\circ 19') - \Omega \sin (\Omega - 138^\circ 19') \\ \eta &= \eta' \cos (\Omega - 138^\circ 19') + \Omega \sin (\Omega - 138^\circ 19') \\ \zeta &= \zeta'. \end{aligned}$$

Die Abb. 5—10 geben die Projektionen der Bahnen der Tabellen 2 und 3 auf die Ekliptik und auf diejenige Ebene senkrecht zur Ekliptik, die durch die Achsen η und ζ gegeben ist.

Für die Fälle $\Delta a = +1$ und $\Delta a = -1$ ergeben sich wieder annähernd die gleichen Bilder.

Bei Betrachtung der Abbildungen fällt zunächst auf:

1. Die weitgehende Ähnlichkeit der Bahnen, die sich ja schon aus den Tabellen der Bahnelemente ergab.
2. Die Tatsache, daß die Bahnen sich nahezu in einem Punkt schneiden.

Die Koordinaten dieses Schnittpunktes sind:

im Fall:	ξ	η	ζ
$\Delta a = 0$	+0.03	+0.560	+1.27
$\Delta a = +0.6125 - 0.0303\, \Delta\odot$	+0.10	+0.565	+1.26
$\Delta a = -0.7916 + 0.0642\, \Delta\odot$	+0.05	+0.545	+1.24

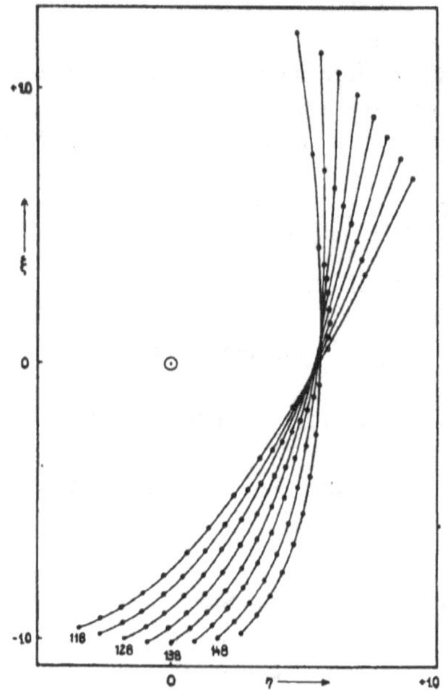

Abb. 5. Projektionen der Bahnen auf die Ekliptik für den Fall $\Delta a = 0$.

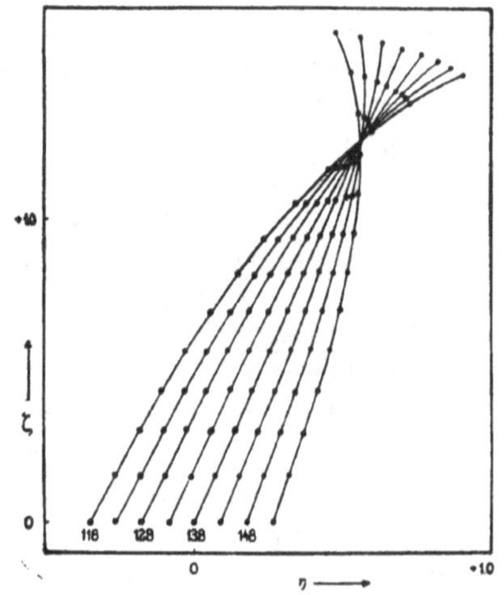

Abb. 6. Projektionen der Bahnen auf die Ebene senkrecht zur Ekliptik für den Fall $\Delta a = 0$.

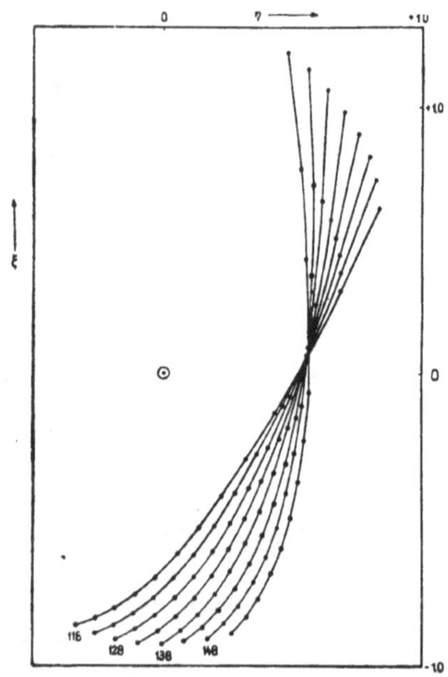

Abb. 7. Projektionen der Bahnen auf die Ekliptik für den Fall $\Delta a = +0.6125 - 0.0303\,\Delta\,\odot$.

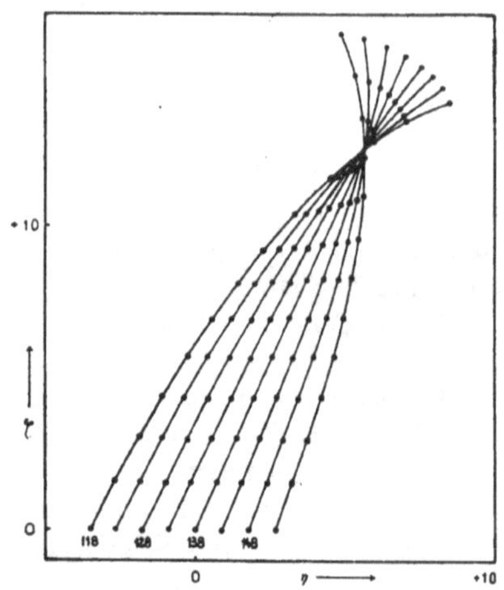

Abb. 8. Projektionen der Bahnen auf die Ebene senkrecht zur Ekliptik für den Fall $\Delta a = +0.6125 - 0.0303\,\Delta\,\odot$.

Die Radiusvektoren der Schnittpunkte sind: $r_1 = 1{,}3883$
$r_2 = 1{,}3936$
$r_3 = 1{,}3554$

Daraus ergibt sich die wahre Anomalie der Bahn mit dem $\Omega = 138°\,19'$ an der Stelle des Schnittpunktes zu: $\Theta_1 = -68°21'$
$\Theta_2 = -68\;41$
$\Theta_3 = -66\;13$

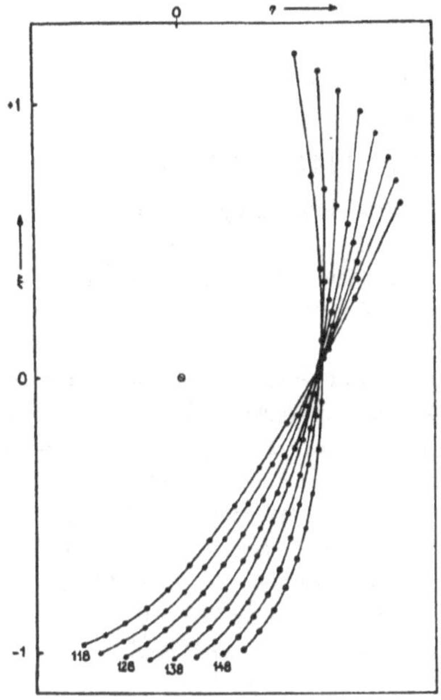

Abb. 9. Projektionen der Bahnen auf die Ekliptik für den Fall $\Delta a = -0.7916 + 0.0642\,\Delta\,\odot$.

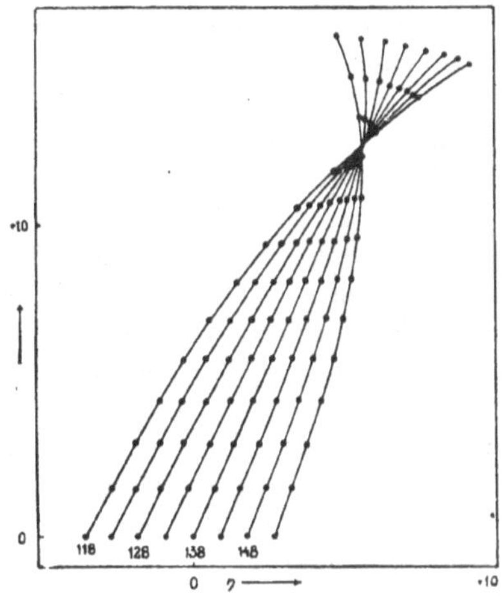

Abb. 10. Projektionen der Bahnen auf die Ebene senkrecht zur Ekliptik für den Fall $\Delta a = -0.7916 + 0.0642\,\Delta\,\odot$.

Die Existenz dieser Schnittpunkte — oder vielmehr engen Schnittbereiche mag zunächst etwas überraschend erscheinen. Sie ist jedoch eine Folge davon, daß

1. Die Bahnebenen alle durch die Sonne gehen müssen.
2. Die Knoten der Bahnen nur um etwa 30° differieren.
3. Die Radiusvektoren aller Bahnen im absteigenden Knoten 1 *A E* betragen müssen.
4. Die Periheldistanzen der Bahnen nur wenig differieren.
5. Die Neigungen aller Bahnen sich nur um $2\frac{1}{2}°$—5° voneinander unterscheiden.

Es handelt sich hier um eine allgemeine Eigenschaft von Ellipsenscharen bei sich drehender Apsidenlinie und leichten Änderungen der Elemente. Nimmt die Periheldistanz zu, so wandert der Schnittpunkt rechtläufig, nimmt sie ab, so wandert er rückläufig aus dem Perihel heraus. Es ist also nicht zulässig, aus dieser Erscheinung irgendwelche Schlüsse auf die Entstehung des Stromes zu ziehen.

Es zeigt sich, daß die Bahnen der Einzelteilchen in Sonnen- und Erdnähe ziemlich unabhängig von der Wahl der großen Halbachse sind. In den Aphelen fächern die Bahnen natürlich weit auseinander, und das Bild, das sich dort ergibt, ist weitgehend von der Wahl der großen Halbachsen abhängig. Die Neigungen und Exzentrizitäten der einzelnen Bahnen unterscheiden sich — welche Annahme man auch über die große Halbachse machen mag — nur wenig voneinander.

Die Perihellängen differieren in jedem Fall um ungefähr 40°. Ihre Änderungen sind also annähernd gleich den Änderungen der Knoten und zwar in dem Sinne, daß die Teilchen, die früher beobachtet wurden — die also die kleinen Knotenlängen haben — auch die kleineren Perihellängen haben.

Die Geschwindigkeitsbeobachtungen sprechen etwas für die Annahme, daß die großen Halbachsen mit wachsender Sonnenlänge abnehmen.

3. Die Entstehung des Perseidenstroms

Im folgenden sollen aus der Struktur des Perseidenstromes Schlüsse auf seine Entstehung gezogen werden. Dabei handelt es sich in erster Linie um die Frage: Welche Kräfte bewirken, daß sich aus einem Haufen fester Partikel, wie ihn ein Kometenkern darstellt, ein Meteorring bildet, dessen Bahnelemente das im vorigen Abschnitt gefundene Verhalten zeigen?

Die Frage nach den Entstehungsursachen der kometarischen Meteorströme ist naturgemäß so alt wie die Kenntnis des Zusammenhanges einiger Meteorströme mit Kometen. So stammt die erste Theorie von SCHIAPARELLI, einem der beiden Entdecker dieser Beziehung, der jedoch zunächst an eine gemeinsame Entstehung von Kometen und Meteoren aus Wolken kosmischer Materie dachte. SCHIAPARELLI erkannte bereits, daß die Meteore nicht den Kometenschweifen entstammen könnten, weil die Schweife aus einer besonderen Materie bestehen, die einer ihm in ihren Ursachen unbekannten Repulsivkraft — dem Strahlungsdruck — unterliegt, während die Meteore aus einem Stoff gebildet sind, der den KEPLERschen Gesetzen gehorcht. Er nahm an, daß die Bildung der kometarischen Meteorströme durch unterschiedliche Gravitationswirkung der Sonne und der Planeten auf die verschiedenen Teile des Kometen bewirkt wird. Er schätzte ab, daß in einer Wolke von Partikeln von je 1 g Masse in der Entfernung 1 von der Sonne die auflösende Kraft die Massenanziehung der Wolke übertrifft, sobald die gegenseitige Entfernung der Teilchen größer als 1.86 m ist. Die losgetrennten Teilchen würden dann Bahnen beschreiben, die sich nur wenig von der Bahn des Kometen unterscheiden; doch würden die kleinen Unterschiede in den Umlaufzeiten bewirken, daß die Meteore allmählich die ganze Bahn einnehmen. Man könnte gegen die SCHIAPARELLIsche Theorie einwenden, daß nach ihr zu erwarten wäre, daß jeder Komet, dessen Periheldistanz einen gewissen Betrag unterschreitet oder der einem Planeten sehr nahe kommt, einen Meteorstrom erzeugt. Dieser Einwand wird jedoch dadurch entkräftet, daß die Stabilität der Kometen zweifellos sehr verschieden ist: Es zeigt sich z. B. keine strenge Korrelation zwischen Teilungen von Kometen und ihren Periheldistanzen beziehungsweise ihren Annäherungen an die Planeten. Außerdem kann ein Meteorstrom nur beobachtet werden, wenn die Kometenbahn die Erdbahn schneidet, so daß durchaus die Möglichkeit besteht, daß bei sehr vielen Kometen Materie längs ihrer Bahn verteilt ist.

Die wichtigsten und umfangreichsten älteren Untersuchungen über die kometarischen Meteorströme stammen von BREDICHIN. Das Neue seiner Theorie besteht darin, daß er für die Bildung der Ströme weniger die unterschiedlichen äußeren

Gravitationskräfte als vielmehr innere Kräfte des Kometen verantwortlich macht. Derartige Kräfte, die auch Anlaß zu Teilungen von Kometen geben können, entstehen nach BREDICHIN dadurch, daß die Partikel, die zu groß und schwer sind, um der Repulsivkraft zu unterliegen und damit den normalen Schweif zu bilden, durch die Schweifausströmungen einen Impuls in Richtung zur Sonne erhalten und so die anomalen Schweife bilden, die als Quelle der Meteorströme anzusehen sind. BREDICHIN nimmt an, daß es im allgemeinen auch bei Kometen, bei denen keine anomalen Schweife beobachtet wurden, zu solchen Bildungen kommt, die nur nicht hell und dicht genug sind, um wahrgenommen zu werden. Die Anfangsgeschwindigkeiten der Teilchen in Richtung zur Sonne werden etwas kleiner als die Anfangsgeschwindigkeiten der normalen Schweifmaterie sein, die er im Mittel zu 3—6 km/sec annimmt. Sie sind also stets klein gegenüber der Bahngeschwindigkeit des Kometen, und so werden auch die Bahnen der abgelösten Partikel in der Regel nicht sehr von der des erzeugenden Kometen verschieden sein. Seine umfangreichen Untersuchungen über die Bahnen der losgelösten Teilchen zeigten ihm jedoch, daß seine reine Ejectionstheorie nicht hinreicht, um derartige Breiten der Meteorströme zu erklären, wie wir sie besonders bei den Perseiden finden, und er kommt zu dem Schluß:

„La désagrégation d'une comète en étoiles filantes (en météores) peut être produite: 1) par l'attraction ordinaire du Soleil, 2) par l'attraction des grosses planètes, et 3) par les émissions nucléaires occasionnées dans la comète par son approche du Soleil.

Ce dernier agent, à une certaine distance du Soleil, est plus fréquent que le second, plus universel dans le monde cométaire. Le second se manifeste seulement à courtes distances des grosses planètes, dans l'intérieur de leurs sphères d'activité. Les actions de ces deux agents ne s'excluent nullement. Quant au premier agent, son action se combine toujours avec celle du second, à tel point qu'il est difficile ou plutôt impossible d'évaluer quantitativement leur relation mutuelle; il est clair, en tout cas, que l'intensité de chacun d'eux doit varier avec le changement de la distance entre la comète et le Soleil.

Les agents 2 et 3 peuvent, l'un après l'autre, prendre part à la désagrégation d'une même comète. Ce doit être le cas pour la comète de Biéla."

Durchläuft ein Komet die Wirkungssphäre eines Planeten, so können seine Bahnelemente sich gänzlich ändern. TISSERAND [15] hat deshalb ein Kriterium für die Identität von Kometenbahnen abgeleitet, das eine Entscheidung ermöglicht, ob zwei Kometenerscheinungen demselben Kometen zugehören oder nicht. Es lautet:

$$\frac{1}{a_e} + \frac{2\sqrt{p_e}}{a^{3/2}} \cos i_e = \frac{1}{a_a} + \frac{2\sqrt{p_a}}{a^{3/2}} \cos i_a .$$

Dabei bezeichnet der Index e die Elemente des Kometen beim Eintritt in die Wirkungssphäre des Planeten, der Index a die Elemente beim Austritt aus derselben, a ist die große Halbachse des Planeten. Der Ausdruck $\frac{1}{a_e} + \frac{2\sqrt{p_e}}{a^{3/2}} \cos i_e$ wird die Invariante des Kometen genannt und im folgenden mit J bezeichnet. CALLANDREAU [16] formte das TISSERANDsche Kriterium zur bequemeren Anwendung auf Meteorströme in der Art um, daß nicht die Bahnelemente, sondern die ekliptikalen Koordinaten der scheinbaren Radianten des Stromes in die Gleichung eingehen:

$$\left\{\left(1 + \frac{2}{a^{3/2}} - J\right)[\sin^2\beta + \cos^2\beta \sin^2(\lambda - \odot)] + 1 - p\right\}^2 - 4\cos^2\beta \sin^2(\lambda - \odot) \times$$
$$\left[1 + \frac{2}{a^{3/2}} - J + (1 - p)\left(1 - \frac{1}{a^{3/2}}\right)\right] \times$$
$$\left\{1 - \left(1 - \frac{1}{a^{3/2}}\right)[\sin^2\beta + \cos^2\beta \sin^2(\lambda - \odot)]\right\} = 0.$$

Einer geringen Änderung von β entspricht also auch nur eine geringe Änderung von $\lambda - \odot$, falls die übrigen Größen konstant bleiben, und CALLANDREAU wies darauf hin, daß folglich die von DENNING beobachteten Perseidenradianten, die während der Tätigkeit des Stromes nur geringe Änderungen von β und $\lambda - \odot$ zeigen, gut durch seine Gleichung dargestellt werden.

GUIGAY geht in seinen bereits erwähnten Untersuchungen von der CALLANDREAUschen Gleichung aus und prüft, ob sich durch ihre Anwendung auf Saturn und Erde die Hauptmerkmale der Perseiden (Unveränderlichkeit von β und $\lambda - \odot$) erklären lassen. Er macht zunächst darauf aufmerksam, daß man nicht, wie es CALLANDREAU tut, a priori annehmen darf, daß der Parameter p des gestörten Körpers beim Passieren der Wirkungssphäre eines Planeten unverändert bleibt. Zuerst wendet er die CALLANDREAUsche Gleichung auf Saturn an. In diesem Falle ergibt sich die Unveränderlichkeit des Parameters aus der Tatsache, daß die Perseidenbahnen die Saturnbahn im aufsteigenden und die Erdbahn im absteigenden Knoten schneiden und folglich

$$r_{Saturn} = \frac{p}{1 + e\cos\omega} \quad \text{und} \quad r_{Erde} = \frac{p}{1 - e\cos\omega}$$

sein muß, damit die Meteore, die die Wirkungssphäre des Saturn passiert haben, von der Erde aus beobachtet werden können. Daraus folgt $p = 1.88711$. Nach Einsetzen der Elemente des Kometen 1862 III und der großen Halbachse der Saturnbahn in die TISSERANDsche Invariante enthält die CALLANDREAUsche Gleichung nur noch Funktionen von $\lambda - \odot$ und β. Die DENNINGschen Werte $\lambda - \odot = -77°$ und $\beta = +38°$ befriedigen sie zwar, doch wird sie auch noch durch andere Werte von $\lambda - \odot$ und β erfüllt. Die einzige Einschränkung, die sich durch ihre Anwendung auf Saturn ergibt, ist, daß $\beta < 63°58'$ bleiben muß.

Bei der Anwendung der CALLANDREAUschen Gleichung auf Erdstörungen — unter der Annahme $p = \text{const.}$ — zeigt sich in ausgezeichneter Übereinstimmung mit den Beobachtungen, daß die Lösungen nur im Intervall von $\beta = 38°6'$ bis $\beta = 39°1'$ liegen, dagegen kann $\lambda - \odot$ sich von $-77°30'$ bis $-102°30'$ erstrecken. Die beobachteten Perseidenradianten erfüllen also die CALLANDREAUsche Gleichung, wenn man sie auf Saturn und Erde anwendet. Aber die Gleichung läßt außerdem auch Perseidenradianten zu, die nicht beobachtet werden.

Im dritten Kapitel seiner Arbeit errechnet GUIGAY aus den DENNINGschen Radiantenörtern die Bahnen der im Verlauf der Stromtätigkeit beobachteten Meteore unter Zugrundelegung einer Parabel, einer Umlaufzeit von 108 Jahren und einer Umlaufzeit von 54 Jahren. Diese Bahnen sind denen der Abbildungen 6—11 sehr ähnlich, nur ist bei GUIGAY der Schnittpunkt etwas weniger scharf definiert. Er entspricht dem Punkt der Bahn des Erzeugerkometen, der eine wahre Anomalie von $-55°$ hat. Aus den photographischen Beobachtungen von Perseiden-Radianten ergibt sich unter Zugrundelegung einer Parabel wiederum ein ähnliches Bild, jedoch eine wahre Anomalie des Schnittpunktes von $-71{,}^\circ 54'$.

Guigay untersucht nun, ob eine Auflösung des Kometen im Schnittpunkt P ($\Theta = -55^\circ$) noch andere Radianten als die beobachteten ergibt. D. h. er sucht alle möglichen Koordinaten des scheinbaren Radianten, die ein Meteor haben kann, das von P ausgeht und die Erde in der Zeit vom 11. Juli bis 19. August trifft. Es zeigt sich nun tatsächlich, daß parabolische und langperiodische Bahnen immer Radianten geben, die in der Nähe von $\beta = +38^\circ$ und $\lambda - \odot = -77^\circ$ liegen. Wenn der Radiant der aus P kommenden Bahn sich nur wenig von diesen Werten unterscheidet, sind die Bahnen bereits hyperbolisch oder elliptisch mit kurzer Umlaufzeit. So gibt z. B. $\lambda - \odot = -77^\circ 44'$; $\beta = 36^\circ 56'$ für den 11. Juli schon eine Bahn mit einer Periode von nur 10 Jahren. Dies erklärt die beobachtete Konstanz von β und $\lambda - \odot$. Liegt die Auflösung in P zeitlich weit zurück, so scheiden die hyperbolischen Bahnen von vornherein aus, die Partikel der Bahnen mit kurzer Umlaufzeit aber kamen schon so oft an den Punkt P mit seiner großen Meteordichte zurück, daß es nach Guigay wahrscheinlich ist, daß sie durch Zusammenstöße aus ihren Bahnen geworfen wurden und nicht mehr als Perseiden beobachtet werden können. Nur die Partikel mit langen Perioden haben sich erhalten können und geben die Radianten $\lambda - \odot = -77^\circ$; $\beta = +38^\circ$. Guigay berechnet dann die Zusatzgeschwindigkeiten, die erforderlich sind, um ein sich ursprünglich in der Kometenbahn bewegendes Partikel in die verschiedenen möglichen Bahnen zu bringen. Er zeigt, daß von allen Bahnen, die von P ausgehen und die Erde in der Zeit vom 11. Juli bis 19. August treffen, diejenigen Bahnen die geringste Zusatzgeschwindigkeit benötigen, die durch $\lambda - \odot = -77^\circ$ und $\beta = +38^\circ$ gegeben sind. Die erforderlichen Zusatzgeschwindigkeiten liegen alle unter 6 km/sec, sind also von der Größenordnung, die Bredechin den „éjections nucleaires" der Kometen zuschreibt. Daraus folgert Guigay:

„Les recherches exposées dans les paragraphes précédents ont montré la possibilité d'expliquer les caractères essentiels des Perseides par une dissociation de la comète en un point P de son orbite d'anomalie vraie -55° environ. Ce point P serait situé à la fois loin du périhélie et en dehors du plan de l'écliptique. La dissociation de la comète ne peut alors être expliquée par l'action dissociatrice du soleil (qui serait maximum au périhélie) ni par celle des planètes lors du passage de la comète au voisinage de celles-ci. Les éjections nucléaires introduites par Bredichine paraissent artificielles. Dans le cas de la dissociation de la comète de Biela on a invoqué avec succès une rencontre de cet astre avec l'essaim d'étoiles filantes des Léonides. Nous allons rechercher ici la possibilité d'un phénomène analogue, mais nous devons remarquer que les courants d'étoiles filantes ne peuvent être observés que s'ils coupent l'orbite terrestre. Il existe donc certainement de nombreux courants météoriques qui ne sont pas connus: en particulier toute comète dont l'orbite ne coupe pas l'orbite de la Terre peut engendrer un tel courant inobservable pour nous.

Nous allons rechercher, parmi toutes les comètes connues, s'il en existe dont les orbites se rapprochent de celle de la comète 1862 III au voisinage du point de dissociation P."

und schließt nach einem Studium aller bis 1946 beobachteten Kometen,

„Bredichine a insisté sur la possibilité de la scission d'une comète en plusieurs autres, et plusieurs comètes parmi lesquelles la célèbre comète de Biela nous ont montré de tels phénomènes. ORLOV abonde dans le même sens et attribue ces phénomènes de scission à la rencontre de la comète avec une météorite; il a même pu constituer 5 familles de comètes dont les orbites passent sensiblement par un même point, le point de collision. Dans le cas qui nous occupe, si nous remarquons que, par suite des perturbations des planètes, les orbites de corps séparés dans un passé lointain ne peuvent plus se couper rigoureusement aujourd'hui, nous sommes amenés à voir dans l'ensemble des comètes 1862 III, 1825 II, 1826 V, 1877 III, 1932 V, et dans le courant des Perseides les résidus d'une comète ayant subi une telle rupture. La comète 1909 I qui ne s'approche pas de 1862 III au voisinage du point P mais au voisinage du périhélie se serait séparée de la comète 1862 III ultérieurement."

Ich erhielt die GUIGAYsche Arbeit erst, als ich bereits mit den Berechnungen über die Entstehung des Perseidenstromes, deren Ergebnisse im folgenden mitgeteilt werden sollen, begonnen hatte und hielt es trotz der wertvollen Untersuchungen GUIGAYs für richtig, den eingeschlagenen Weg fortzusetzen. Will man eine Kollisionstheorie vermeiden, die immer einen geringen Grad von Wahrscheinlichkeit haben wird, so können als Ursache für die Breite des Stromes nur innere Kräfte des Erzeugerkometen oder Planetenstörungen oder beide Wirkungen zusammen in Frage kommen, und es ist nicht nur für die Meteor-, sondern auch für die Kometenforschung wichtig zu entscheiden, ob die Ausweitung des Stromes innerhalb plausibler Zeiträume durch Störungen geschehen kann oder ob die Annahme stärkerer innerer Kräfte erforderlich ist. Die Säkularstörungen wirken auf jeden Fall, und sie sind einigermaßen zuverlässig zu berechnen.

Für eine entscheidende Wirkung der Störungen bei Bildung der Ströme spricht ferner die Tatsache, daß die Ekliptikalströme, bei denen eine kometarische Bindung nicht nachweisbar ist, eine ähnliche Struktur wie die Perseiden zeigen. Auch daraus, daß mit dem Alter der kometarischen Ströme im allgemeinen auch ihre Breite zunimmt, kann man auf Wirkung von säkularen Störungen schließen.

Dazu einige Beispiele:

Strom	Erster Nachweis	Dauer der Erscheinungen
Perseiden	830 n. Chr.	30^d
Leoniden	585 n. Chr.	10^d
Lyriden	687 v. Chr.	10^d
Mai-Aquariden	1870 (842 n. Chr.?)	$14—20^d$
Oktober-Draconiden	1926	wenige Stunden
Juni-Draconiden	1916	,, ,,
Aurigiden	1935	weniger als ein Tag

Wenn es auch naturgemäß wahrscheinlicher ist, daß ein breiter Strom früher entdeckt wird als ein schmaler, so führt doch eine Betrachtung der bisher bekannten kometarischen Ströme zu folgenden Ergebnissen:

1. Die breiten Ströme sind wahrscheinlich sehr alt. Die Tatsache, daß für den relativ breiten Strom der Mai-Aquariden keine sicheren Beobachtungen vor dem Jahre 1870 vorliegen, erklärt sich daraus, daß der Strom in höheren nördlichen Breiten nur schwer zu beobachten ist.
2. Die Oktober-Draconiden, die einen sehr schmalen Strom bilden, sind wahrscheinlich erst in allerjüngster Zeit entstanden. Denn obgleich sehr bald nach der Entdeckung des Erzeugerkometen GIACOBINI-ZINNER 1900 c nach einem

ihm zugeordneten Meteorstrom gesucht wurde, konnte er erst 1926 zum ersten Male beobachtet werden.

3. Es ist bisher kein Fall bekannt, daß ein parabolischer Komet einen Meteorstrom erzeugt hätte.

Würden die Unterschiede in den Bahnen der einzelnen Teilchen, die die Breite des Stromes bedingen, in erster Linie durch die unterschiedlichen Geschwindigkeitsvektoren der Teilchen im Sinne der BREDICHINschen éjections nucléaires oder durch eine Kollision bewirkt, so wäre auch zu erwarten, daß ein erst kürzlich entstandener Strom eine erhebliche Breite haben kann — ein Fall, der bisher noch nicht beobachtet wurde.

Durch spezielle Störungen kann wohl die Streuung der beobachteten Radianten, die, wie Versuche an künstlichen Meteoren gezeigt haben, größer ist als auf Grund der Beobachtungsfehler zu erwarten wäre, erklärt werden, nicht aber die systematische Änderung der Bahnelemente. Das Ziel dieses Abschnittes muß also sein zu prüfen, ob die im vorigen Abschnitt gefundenen systematischen Änderungen der Bahnelemente während der Stromtätigkeit und damit die Breite des Stroms als eine Folge der Differenzen der Säkularstörungen auf die verschiedenen Teile eines Meteoritenhaufens von etwa Komadurchmesser, der sich ursprünglich in der Kometenbahn bewegte, zu erklären sind.

Die Komadurchmesser der Kometen liegen im allgemeinen zwischen 10 000 und 500 000 km. Für den Kometen 1937 f FINSLER wird ein Komadurchmesser von 620 000 km angegeben [17]. Es läßt sich zunächst nichts gegen die Annahme einwenden, daß die Teilchen, aus denen ein Meteorstrom entsteht, sich ursprünglich nicht nur im Kometenkern konzentrieren, sondern auch zum Teil den Raum der Koma einnehmen. Spektrographische Beobachtungen am Kometen PONS-WINNECKE sprechen sogar dafür [18].

Es sollen nun 3 Teilchen betrachtet werden, Teilchen I, Teilchen II und „Kern". „Kern" bezeichnet ein Teilchen, das sich im Zentrum des Kerns des Kometen 1862 III befindet. Teilchen I und Teilchen II sind in der Richtung des Radiusvektors 500 000 km vom Kernmittelpunkt entfernt, so daß die Periheldistanz von Teilchen I 500 000 km kleiner, die des Teilchen II 500 000 km größer als die des Kerns ist. Kern hat die Seite 12 angegebenen Bahnelemente. Teilchen I und Teilchen II haben die gleiche Bahnebene und Perihellänge und den gleichen Parameter wie der Kern. Die große Halbachse a und die numerische Exzentrizität e von Teilchen I und II ergeben sich dann aus der Periheldistanz und dem Parameter zu:

Teilchen I	Teilchen II
$a = 29.1282\ AE$	$a = 21.0645\ AE$
$e = 0.967063$	$e = 0.954130$

Es soll in diesem Zusammenhang nicht interessieren, wie Teilchen I und II in ihre Lage gekommen sind, ob meteorische Partikel im allgemeinen im Abstand von 500 000 km vom Kernmittelpunkt anzutreffen sind oder ob sie durch elektrische Kräfte oder durch mechanische Wirkungen, wie sie RICHTER [19] skizziert, aus dem Kern herausgeschleudert wurden oder herausdiffundierten.

Der Komet 1862 III nähert sich der Erde bis auf 0.005 AE
dem Jupiter „ 1.7 AE
dem Saturn „ 0.75 AE,
so daß die Störungen dieser drei Planeten zu berücksichtigen sind.

Die Berechnung der Säkularstörungen der 3 Teilchen erfolgte nach der Methode von G. W. HILL [20], die auf GAUSS' Theorie der säkularen Störungen erster Ordnung in den Bahnelementen von Planeten und Kometen fußt. Man kann sich die Masse des störenden Körpers längs seiner Bahnellipse so verteilt denken, daß jeder Strecke, die in der gleichen Zeit durchlaufen wird, auch die gleiche Masse zukommt. Die Berechnung der Komponenten der Kraft, die ein derartiger Ring auf einen äußeren Punkt ausübt, führt auf elliptische Integrale, deren Bestimmung den Hauptzweck der GAUSSschen Untersuchung bildet. Mit Hilfe der von HILL entwickelten Formeln lassen sich aus diesen Kraftkomponenten die Störungen berechnen. Hierzu ist eine zweite Integration erforderlich, die durch mechanische Quadratur ausgeführt wird, wobei die exzentrische Anomalie des gestörten Körpers E Integrationsvariable ist.

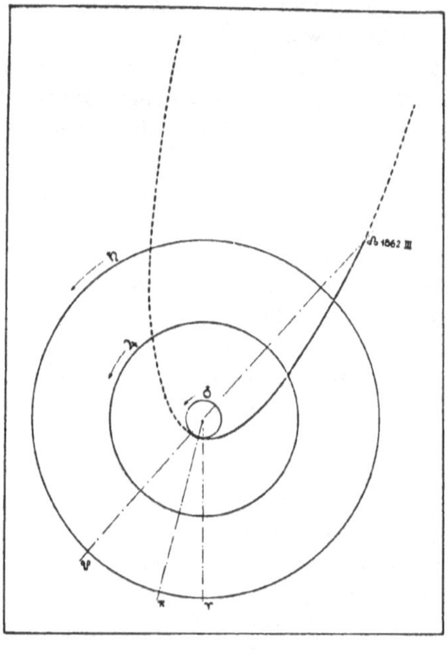

Abb. 11. Bahn des Kometen 1862 III.

Die GAUSSsche Methode wurde u. a. von ADAMS zur Ermittlung der Störungen, denen die Bahn der Leoniden unterworfen ist, und von CLAUSEN zur Bestimmung der Störungen des Kometen 1856 I angewandt. Die HILLschen Formeln wurden von BREDICHIN zur Bestimmung der Jupiterstörungen auf den Erzeugerkometen der Perseiden und in letzter Zeit von MIROSLAV PLAVEC [21] zur Berechnung der Jupiterstörungen auf die Geminiden benutzt.

Für die Berechnung der Störungen auf einen Planeten oder Planetoiden genügt es im allgemeinen, die Bahnellipse in bezug auf die exzentrische Anomalie in 4 bis 12 gleiche Teile zu teilen. Für Körper mit großen Neigungen und hohen Exzentrizitäten ist eine engere Teilung nötig. BREDICHIN teilte die Bahn des Kometen 1862 III in 36 Teile und erhielt an den Stellen der größten Annäherung der beiden Bahnen Sprünge. Deshalb wurde in der vorliegenden Arbeit die Teilung von 10° zu 10° zwar im allgemeinen beibehalten, aber an den Stellen, an denen die Störungen groß werden, in sehr engen Intervallen (von 1° zu 1° exzentrischer Anomalie) gerechnet. Die Stellen der größten Annäherung des Kometen an die in Frage kommenden Planeten liegen an folgenden Stellen:

Planet	wahre Anomalie von 1862 III	exzentrische Anomalie von 1862 III
Erde	27°15′	4°
Jupiter	225°	322°30′
Saturn	213°30′	309°

Abbildung 11 zeigt die Lage der Kometenbahn 1862 III zu den Bahnen von Erde, Jupiter und Saturn. Die Kometenbahn ist dabei um ihre Knotenlinie herum in die Ebene der Ekliptik geklappt. Nach Passieren des aufsteigenden Knotens nähert sich der Komet zuerst der Saturn-, dann der Jupiterbahn.

In den Abbildungen 12—14 ist als Beispiel der Verlauf der Funktionen

$$R_0 = \frac{1}{2\pi} \int_0^{2\pi} \frac{ar}{m'} R (1 - e' \cos E') \, dE'$$

$$S_0 = \frac{1}{2\pi} \int_0^{2\pi} \frac{ar}{m'} S (1 - e' \cos E') \, dE'$$

$$W_0 = \frac{1}{2\pi} \int_0^{2\pi} \frac{r^2}{m'} W (1 - e' \cos E') \, dE'$$

in Abhängigkeit von der exzentrischen Anomalie der Teilchen I, II und des Kerns für Jupiterstörungen gegeben. Dabei ist:

R = die Kraftkomponente in Richtung des Radiusvektors; positive Richtung von der Sonne fort
S = die Kraftkomponente senkrecht zum Radiusvektor in der Bahnebene: positiv in der Bewegungsrichtung
W = die Kraftkomponente senkrecht zur Bahnebene
a = große Halbachse des gestörten Teilchens
r = Radiusvektor des gestörten Teilchens
m' = Masse des störenden Planeten
e' = Exzentrizität des störenden Planeten
E' = Exzentrische Anomalie des störenden Planeten.

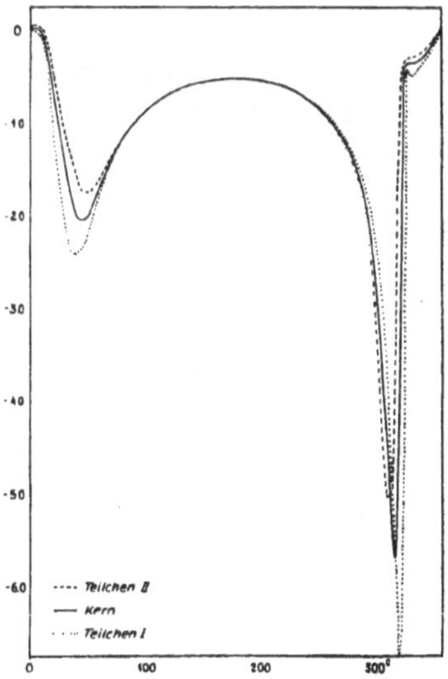

Abb. 12. Verlauf der Funktion R_0 bei Jupiterstörungen.

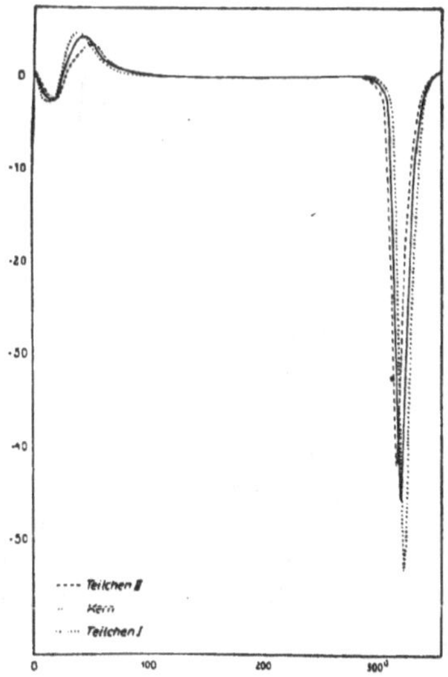

Abb. 13. Verlauf der Funktion S_0 bei Jupiterstörungen.

Die säkularen Änderungen der Bahnelemente sind dann gegeben durch:

$$\frac{de}{dt} = \frac{m'n}{1+m} \cos\varphi \frac{1}{2\pi} \int_0^{2\pi} [\sin v\, R_0 + (\cos v + \cos E)\, S_0]\, dE$$

$$e\frac{d\chi}{dt} = \frac{m'n}{1+m} \cos\varphi \frac{1}{2\pi} \int_0^{2\pi} \left[-\cos v\, R_0 + \left(\frac{r}{a\cos^2\varphi} + 1\right) \sin v\, S_0\right] dE$$

$$\frac{di}{dt} = \frac{m'n}{1+m} \sec\varphi \frac{1}{2\pi} \int_0^{2\pi} \cos u\, W_0\, dE$$

$$\sin i \frac{d\Omega}{dt} = \frac{m'n}{1+m} \sec\varphi \frac{1}{2\pi} \int_0^{2\pi} \sin u\, W_0\, dE$$

$$\frac{d\pi}{dt} = \frac{d\chi}{dt} + 2\sin^2\frac{i}{2}\frac{d\Omega}{dt}.$$

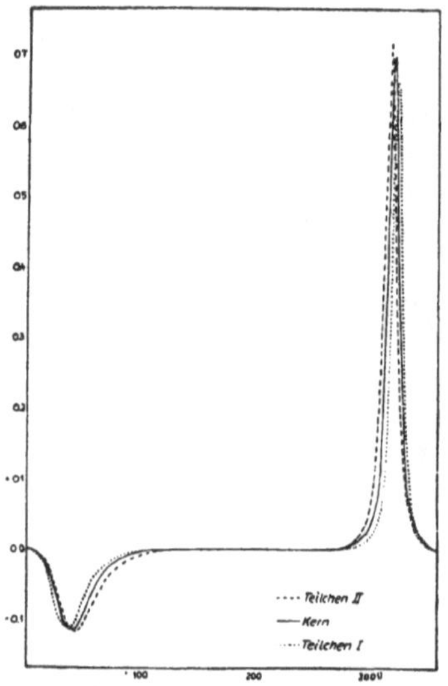

Abb. 14. Verlauf der Funktion W_0 bei Jupiterstörungen.

Dabei ist

E = Exzentrische Anomalie des gestörten Teilchens

n = mittlere Bewegung des Teilchens im Julianischen Jahr

m = Masse des Teilchens

φ = Exzentrizitätswinkel des Teilchens

u = Argument der Breite des Teilchens $= v + \omega$

χ = Perihelabstand von einem festen Punkt in der veränderlichen Bahnebene.

Man sieht in Abb. 12—14, wie die Werte von R_0, S_0 und W_0 in der Nähe von $E = 320°$ eine Spitze haben. Der absteigende Knoten des Kometen liegt bei $E = 4°$ ($v = 27° 15'$), der aufsteigende Knoten bei $E = 300°$ ($v = 207° 15'$). Die größte Annäherung an die Jupiterbahn tritt bei $E = 322°30'$ ein, also nachdem der aufsteigende Knoten passiert ist. Die Kraftkomponente in Richtung des Radiusvektors muß an dieser Stelle zur Sonne hin gerichtet sein (R_0 negativ), und die zu ihr senkrechte Komponente muß der Bewegungsrichtung entgegengesetzt sein (S_0 negativ). Das folgt unmittelbar aus der Anschauung. Weiter erreichen die rechtwinkligen Komponenten der störenden Kraft größere Werte bei $E = 40°$ entsprechend einer wahren Anomalie $v = 137°$ ($r = 6{,}4\, AE$). Das ist die Stelle, an der die Teilchen nach Passieren des absteigenden Knotens unterhalb der Ekliptik nahezu in Jupiterentfernung von der Sonne der Jupiterbahn ein zweites Mal nahe kommen. Auch an dieser Stelle muß die Kraftkomponente in Richtung des Radiusvektors zur Sonne hin gerichtet sein (R_0 negativ). Dagegen muß die zu ihr senkrechte Komponente hier im Sinne der Bewegungsrichtung des Teilchens wirken (S_0 positiv). Die zur Bahnebene senkrechte Komponente muß an den beiden Stellen entgegengesetzt gerichtet sein, im ganzen aber so wirken, daß die Teilchen in die Jupiterebene gezogen werden, daß also $\frac{di}{dt}$ positiv wird, da die Teilchen rückläufig sind.

Bei den Säkularstörungen durch die Erde ist R_0 an der Begegnungsstelle mit der Erde — also im absteigenden Knoten des Kometen — gleich Null, da ja hier die Radiusvektoren von Komet und Erde gleich sind. Im übrigen ist R_0 stets negativ und sehr klein. Größere Werte werden in dem kurzen Bahnstück des Kometen, das oberhalb der Ekliptik liegt, erreicht. Ein sehr hohes, spitzes Maximum liegt in einem ganz schmalen Intervall unmittelbar nach dem Durchgang durch den absteigenden Knoten. S_0 und W_0 haben zwischen Perihel und absteigendem Knoten größere positive und unmittelbar nach dem absteigenden Knoten größere negative Werte.

Im Fall des Saturns zeigen die Kraftkomponenten Spitzenwerte bei $E = 310°$, da hier der Radiusvektor des Kometen 9.3 AE wird. Er kommt also kurz nach dem aufsteigenden Knoten sehr nahe an die Saturnbahn.

Das Ergebnis der Berechnung sind die folgenden jährlichen Störungen:

	$\frac{d\Omega}{dt}$	$\frac{d\pi}{dt}$	$\frac{di}{dt}$	$\frac{de}{dt}$
		1. Erde		
Teilchen I	+0″.0016	−0″.0941	+0″.0003	−0.000 000 01
Kern	+0.0020	−0.0600	−0.0018	−0.000 000 15
Teilchen II	+0.0027	−0.0380	−0.0034	−0.000 000 26
		2. Jupiter		
Teilchen I	+0″.6302	+0″.1632	+0″.7662	+0.000 000 28
Kern	+0.8135	+0.2344	+0.7939	+0.000 000 36
Teilchen II	+0.9961	+0.3206	+0.8121	+0.000 000 43
		3. Saturn		
Teilchen I	+0″.1840	+0″.2325	+0″.4158	+0.000 000 07
Kern	+0.2470	+0.2968	+0.6081	+0.000 000 10
Teilchen II	+0.3071	+0.3855	+0.7617	+0.000 000 13

Wie bereits erwähnt, wurden die Säkularstörungen des Jupiter auf den Kometen 1862 III schon von Bredichin berechnet. Er erhielt:

$\frac{d\Omega}{dt}$	$\frac{d\pi}{dt}$	$\frac{di}{dt}$	$\frac{de}{dt}$
+0″.7534	−0″.534	+0″.7062	+0.000 000 3

Die geringen Unterschiede in $\frac{d\Omega}{dt}$, $\frac{di}{dt}$ und $\frac{de}{dt}$ gegenüber den hier erhaltenen Werten sind wohl darauf zurückzuführen, daß Bredichin die Elemente für 1850.0 zu Grunde legte und durchweg in Intervallen von 10° exzentrischer Anomalie rechnete, während hier die Elemente für 1925.0 benutzt wurden und an den Stellen, an denen stärkere Störungen auftreten, in Intervallen von 1° gerechnet wurde. Der von BREDICHIN gegebene negative Wert für $\frac{d\pi}{dt}$ beruht jedoch auf einem Rechen- oder Druckfehler, wovon man sich leicht überzeugen kann, wenn man $\frac{d\pi}{dt}$ aus den von BREDICHIN gegebenen Werten für $\frac{d\chi}{dt}$ und $\frac{d\Omega}{dt}$ neu bildet.

Die jährliche Änderung des Knotens durch die Wirkung der drei Planeten ist also für Teilchen I 0″.8158, für Teilchen II 1″.3059. Wir hatten angenommen, daß Teilchen I und II sich ursprünglich in der Bahnebene des Kometen bewegten, also keinen Knotenunterschied aufwiesen. Nach einjähriger Wirkung der Säkularstörungen haben sie dann einen Knotenunterschied von 0″.5, nach 180 000 Jahren einen Knotenunterschied von 25°, der sich so auswirken muß, daß Teilchen I von der Erde aus 25 Tage vor Teilchen II beobachtet wird. Die jährliche Änderung des Perihels ist für Teilchen I +0″.3016, für Teilchen II +0″.6681. Auch die Perihellänge war ursprünglich für beide Teile gleich; nach 180 000 Jahren besteht zwischen Teilchen I und Teilchen II ein Unterschied von 18°. Der Neigungsunterschied beträgt dann 19°. Die Änderungen erfolgen in dem Sinne, daß das Teilchen, das die Erdbahn am früheren Datum kreuzt — also die kleinere Knotenlänge hat — auch die kleinere Perihellänge und die kleinere Neigung hat. Dies stimmt qualitativ gut mit den Daten der Tabelle 2 und 3 (Seite 13 und 14) überein. Während aber die aus der Störungsrechnung folgenden Änderungen von π, Ω und i von gleicher Größenordnung sind, zeigte sich bei den Untersuchungen über die Struktur des Stromes, daß die Unterschiede der Perihel- und Knotenlängen der einzelnen Bahnen ungefähr gleich sind, die Neigungsänderung aber nur etwa den zehnten Teil der Perihel- und Knotenänderung beträgt. Die Exzentrizitätsänderungen sind in beiden Fällen sehr klein. Nimmt man nun an, daß die Änderungen der Bahnelemente Ω, π und i der Zeit proportional sind, so waren die Bahnelemente des Kometen vor 180 000 Jahren:

$$\begin{aligned}\Omega_0 &= \Omega\ 1925 - 180\,000\ (+0''.0020\ +0''.8135\ +0''.2470)\\ \pi_0 &= \pi\ 1925 - 180\,000\ (-0.0600\ +0.2344\ +0.2968)\\ i_0 &= i\ 1925 - 180\,000\ (-0.0018\ +0.7939\ +0.6081)\end{aligned}$$

und die heutigen Bahnelemente der Teilchen I und II sind:

Teilchen I	Teilchen II
$\Omega = \Omega_0 + 180\,000 \cdot 0''.8158$	$\Omega = \Omega_0 + 180\,000 \cdot 1''.3059$
$\pi = \pi_0 + 180\,000 \cdot 0.3016$	$\pi = \pi_0 + 180\,000 \cdot 0.6681$
$i = i_0 + 180\,000 \cdot 1.1823$	$i = i_0 + 180\,000 \cdot 1.5704$
$a = 29.1282$	$a = 21.0645$

Die weitere Rechnung ergibt, daß der Radiusvektor für Teilchen I 0.990, derjenige für Teilchen II 1.063 *AE* beträgt, also sehr nahe bei 1 liegt.

Die ekliptikalen Koordinaten des scheinbaren Radianten sind für

	λ	β
Teilchen I	+48°6′	+48°40′
Teilchen II	+74 53′	+27 10′

Teilchen I trifft die Erdbahn bei einer Sonnenlänge von 125°, Teilchen II bei 150°. Vergleicht man diese Werte mit den beobachteten Radianten der Abb. 3 und 4, so sieht man, daß die ekliptikalen Längen der beobachteten Radianten ausgezeichnet durch die angenommenen Teilchen dargestellt werden, die Breiten jedoch infolge des viel zu großen Wertes von $\frac{di}{dt}$ nicht mit den beobachteten Radiantenbreiten übereinstimmen.

Das Ergebnis ist also, daß sich die beobachtete Zerstreuung des Perseidenstromes durch eine etwa 180 000 jährige Einwirkung der Säkularstörungen auf Meteoritenteilchen, die ursprünglich den Raum einer großen Kometenkoma erfüllten, erklären läßt, ohne daß die Annahme von zusätzlichen Kräften erforderlich ist, daß aber die Teilchen dann größere Neigungsunterschiede und infolgedessen auch stärkere Unterschiede in den ekliptikalen Breiten ihres scheinbaren Radianten zeigen müßten als beobachtet wurden.

Wir wollen nun die Fragestellung umkehren und die Säkularstörungen auf die tatsächlich beobachteten Teilchen untersuchen, um uns — von dem heutigen Zustand rückwärts gehend — ein Bild von der früheren Struktur des Perseidenstromes zu machen.

Dazu wurden nach der gleichen Methode und mit den gleichen Intervallen der exzentrischen Anomalie des gestörten Teilchens die Säkularstörungen auf die Flügel des Perseidenstromes berechnet. Es wurden dabei die Bahnelemente benutzt, die in Tabelle 2 Seite 13 für die Teilchen angegeben sind, die die Erde bei einer Sonnenlänge von 123°19′ und 148°19′ treffen. Da die Störungen durch die Erde wesentlich geringer als die durch Jupiter und Saturn sind, wurden nur die Jupiter- und Saturnstörungen berücksichtigt. Der Verlauf der Kraftkomponenten ähnelt wieder dem bei den Störungen auf die Teilchen I und II gefundenen Verlauf.

Die Berechnungen ergeben:

	$\frac{d\Omega}{dt}$	$\frac{d\pi}{dt}$	$\frac{di}{dt}$	$\frac{de}{dt}$
	1. Jupiter			
Flügel 123°19′	+0.″7415	+0.″2071	+0.″8316	+0.000 000 26
Kern	+0.8135	+0.2344	+0.7939	+0.000 000 36
Flügel 148°19′	+0.8686	+0.2404	+0.7047	+0.000 000 33
	2. Saturn			
Flügel 123°19′	+0.″2218	+0.″2569	+0.″7183	+0.000 000 10
Kern	+0.2470	+0.2968	+0.6081	+0.000 000 10
Flügel 148°19′	+0.2819	+0.3582	+0.5968	+0.000 000 12

Die jährliche Knotenänderung des Flügels 123° durch die Wirkungen von Jupiter und Saturn beträgt also +0.″96, die des Flügels 148° ist +1.″15, so daß die Flügel jährlich nur 0.″19 auseinanderlaufen oder — rückwärts gerechnet — 470 000 Jahre benötigen, um zusammenzulaufen.

Die Differenz der jährlichen Änderungen der Perihellängen beträgt 0.″13, ist also von gleicher Größenordnung wie die der Knotenlängen. Sie erfolgt im richtigen Sinne, d. h. die Teilchen, die die größere Knotenänderung haben, erleiden auch die größere Perihellängenänderung. Die Neigungsänderungen dagegen sind mit 0.″25 pro Jahr wieder viel zu groß und erfolgen im falschen Sinn, die Teilchen mit der größeren Knoten- und Perihellängenänderung haben die kleineren Neigungsänderungen.

Es soll nun geprüft werden, wie stark die Säkularstörungen von Änderungen der Ausgangselemente abhängig sind, wieweit man also annehmen darf, daß die jährlichen Änderungen durch die Störungen über größere Zeiträume hinweg konstant bleiben. Dazu wurden die Größen $\frac{d\Omega}{dt}$, $\frac{d\pi}{dt}$, $\frac{di}{dt}$ und $\frac{de}{dt}$ errechnet, die sich aus den Wirkungen von Jupiter und Saturn ergeben, wenn man der Berechnung die Bahnelemente vor 10 000 Jahren zugrunde legt. Die Bahnelemente der beiden Flügel vor 10 000 Jahren ergeben sich nach den heutigen Werten durch Anbringen der oben errechneten Änderungen zu:

		Ω	π	i	e
Flügel	123°19′	120°38′	272°44′	108°44′	0.957184
Flügel	148 19	145 7	301 9	111 32	0.955864

Die Bahnelemente von Jupiter und Saturn wurden dadurch ermittelt, daß mit den von LEVERRIER [22] für 1350, 1850, 2350, 2850, 3350 und 3850 n. Chr. gegebenen Elementen unter der Annahme, die vierte Differenz sei konstant, auf die Elemente vor 10 000 Jahren extrapoliert wurde.

	Ω	π	i	e
Jupiter	99°54′	1° 2′	1°34′	0.031851
Saturn	137 33	40 12	2 8	0.077237

Diese Bahnelemente werden nicht exakt den wahren Werten vor 10 000 Jahren entsprechen. Sie werden aber eine hinreichende Grundlage bilden, um abschätzen zu können, wie stark die Säkularstörungen von einer Änderung der Bahnelemente beeinflußt werden können.

Die jährlichen Änderungen unter Zugrundelegung der Elemente von vor 10 000 Jahren sind dann:

		$\frac{d\Omega}{dt}$	$\frac{d\pi}{dt}$	$\frac{di}{dt}$	$\frac{de}{dt}$
		1. Jupiter			
Flügel	123°19′	+0″.5702	−0″.3186	+0″.4840	+0.000 000 16
Flügel	148 19′	+0.7005	−0.1623	+0.4123	−0.000 000 25
		2. Saturn			
Flügel	123°19′	+0″.1765	+0″.1957	+0″.7837	+0.000 000 12
Flügel	148 19′	+0.2333	+0.1521	+0.5274	−0.000 000 01

Die Störungen auf die beiden Flügel des Stromes wurden unter Zugrundelegung der Bahnelemente der Tabelle 2 gewonnen, also unter der Annahme, daß alle Teilchen die gleiche große Halbachse haben. Die sich daraus ergebenden Störungen sind unbefriedigend klein.

Es wurden deshalb noch die Säkularstörungen von Jupiter und Saturn auf die Flügelteilchen für die Fälle:

$$\Delta a = +0.6125 - 0.0303\, \Delta \odot$$

und

$$\Delta a = -0.7916 + 0.0642\, \Delta \odot$$

berechnet.

Im ersten Fall — für mit Sonnenlänge zunehmender großer Halbachse — ergaben sich folgende Werte:

		$\frac{d\Omega}{dt}$	$\frac{d\pi}{dt}$	$\frac{di}{dt}$	$\frac{de}{dt}$
			1. Jupiter		
Flügel	123°19′	+2″.3225	+0″.8576	+2″.9073	+0.000 001 6
Flügel	148 19	+0.5933	+0.1241	+0.3401	+0.000 000 2
			2. Saturn		
Flügel	123°19′	+0″.5309	−1″.3302	+7″.1960	−0.000 002 8
Flügel	149 19	+0.2181	+0.2534	+0.4431	−0.000 000 1

Demnach nehmen in diesem Fall Knotenlänge und Neigung der Teilchen des Flügels 123° durch Störungen stärker zu als die der Flügelteilchen 148°. Die Knoten der beiden Flügel des Stromes nähern sich also im Laufe der Zeit einander. Wir brauchen aber gerade den umgekehrten Effekt, um die Auseinanderfächerung des Stromes durch Störungswirkungen zu erklären.

Für den zweiten Fall $\Delta\, a = -0{,}7916 + 0{,}0642\, \Delta \odot$ erhält man:

		$\frac{d\Omega}{dt}$	$\frac{d\pi}{dt}$	$\frac{di}{dt}$	$\frac{de}{dt}$
			1. Jupiter		
Flügel	123°19′	+0″.3090	−0″.0267	+0″.3322	+0.000 000 01
Flügel	148 19	+1.1711	+0.3385	+0.9050	+0.000 000 43
			2. Saturn		
Flügel	123°19′	+0″.0573	−0″.0097	+0″.2880	−0.000 000 003
Flügel	148 19	+0.3632	+0.4255	+0.6832	+0.000 000 139

In diesem Fall wirken die Störungen im erforderlichen Sinn: die Bahnelemente der Flügelteilchen 148°, die primär die größeren Werte haben, wachsen schneller als die der Teilchen 123°. Der Strom fächert also durch die Wirkung der Säkularstörungen mehr und mehr auseinander. Die Differenz der jährlichen Knotenänderungen beträgt 1″.168, die der jährlichen Perihellängenänderungen 0″.800.

Es sind demnach etwa 80 000 Jahre erforderlich, damit aus einem Strom, dessen Teilchen ursprünglich gleiche Knoten- und Perihellängen hatten, durch säkulare Störungen von Jupiter und Saturn ein Meteorstrom von der jetzt beobachteten Breite und der beobachteten Differenz der Perihellängen entsteht. Der Fall, daß die großen Halbachsen mit wachsender Sonnenlänge abnehmen, für den ja schon die Untersuchung über die Meteorgeschwindigkeiten sprach, gibt also auch im Hinblick auf die Entstehung des Stromes die günstigsten Resultate.

Die Neigungsänderungen wirken zwar im richtigen Sinne, sind aber auch hier wieder viel zu groß. Die Exzentrizitätsänderungen dagegen wirken sogar im falschen Sinn.

Eine Erklärung hierfür gibt vielleicht die Theorie der allgemeinen Störungen. Die Störungsgleichungen sind exakt, die Schwierigkeit ihrer Anwendung liegt in ihrer Integration, die im allgemeinen nur unter bestimmten Voraussetzungen möglich ist. Eine wesentliche Voraussetzung ist, daß die Störungsfunktion in eine konvergente Reihe entwickelbar ist. Wenn in dieser Reihenentwicklung des säkularen Teils der Störungsfunktion nur die ersten Glieder mitgenommen werden, so zeigt sich, daß die säkularen Störungen von Neigung und Exzentrizität in rein periodische Glieder verwandelt werden. Die sogenannten säkularen Neigungs- und Exzentrizitätsänderungen sind also in erster Näherung nur periodische Veränderungen mit Perioden, die Zehntausende und Hunderttausende von Jahren betragen. Wirkliche der Zeit proportionale Säkularstörungen treten nur in den Knoten- und Perihellängen auf. Voraussetzung für die Reihenentwicklung, die diese Schlüsse ermöglicht, ist, daß Neigung und Exzentrizität gering sind. Dies ist nun bei den Perseiden durchaus nicht der Fall. Doch ist anzunehmen, daß es auch im vorliegenden Problem nicht zulässig ist, die Neigungs- und Exzentrizitätsänderungen über so lange Zeiten zu extrapolieren wie die Knoten- und Perihellängenänderungen.

Die Durchrechnung der Säkularstörungen für die drei Fälle

$$\Delta a = 1$$
$$\Delta a = +0.6125 - 0.0303\,\Delta\odot$$
$$\Delta a = -0.7916 + 0.0642\,\Delta\odot$$

hat gezeigt, daß die Größe der Störungen im wesentlichen von der Voraussetzung abhängt, die man über die großen Halbachsen der Teilchen macht. Je kleiner die große Halbachse ist, desto stärkeren Störungen durch die großen Planeten ist das Teilchen ausgesetzt: Im ersten Fall ergab sich ein Mindestalter des Stromes von etwa 470 000 Jahren, der zweite Fall ergab statt eines Auseinanderfächerns ein Zusammenlaufen des Stromes, der dritte Fall führte auf ein Alter von etwa 80 000 Jahren. Die beobachteten Radianten lassen sich durch alle beliebig angenommenen Halbachsen darstellen. Die Geschwindigkeitsbeobachtungen sprechen etwas für den dritten Fall, der auch bezüglich der Säkularstörungen das günstigste Resultat gibt, d. h. die kürzeste Zeit benötigt, um die beobachtete Knotendifferenz zu erklären.

Die Verschiedenheit der großen Halbachsen kann aber nicht durch säkulare Störungen verursacht sein, da ja bekanntlich die großen Halbachsen in erster Näherung von den Säkularstörungen nicht geändert werden. Sie kann aber leicht durch spezielle Störungen bewirkt werden.

G. Shajn [23] hat die speziellen Störungen, die ein Perseidenmeteor durch die Erde erleidet, in Intervallen von 1—15 Minuten nach der Methode der Variation der Konstanten berechnet. Er hat dabei im besonderen zwei Teilchen untersucht, von denen das eine den absteigenden Knoten passiert, ehe die Erde diesen Punkt erreicht, das andere, nachdem die Erde hindurchgegangen ist. In beiden Fällen wurde der Abstand Erde — Teilchen zur Zeit des Durchgangs durch den absteigenden Knoten zu 0,000 13 *AE* angenommen. Das Ergebnis sind die folgenden Störungen:

	Meteor vor der Erde	Meteor nach der Erde
$\Delta\Omega$	$-0''.3$	$-0''.4$
Δi	$+1°6'.5$	$-34'.0$
$\Delta\pi$	$-27'.6$	$+22'.6$
$\Delta\varphi$	$-4°9'.0$	—
Δa	-7.260	—

Im Fall „Meteor nach der Erde" wurde die Bahn so parabelnahe, daß die Methode der Variation der Konstanten versagte. Im Gegensatz zu den übrigen Bahnelementen erfahren also die großen Halbachsen durch spezielle Erdstörungen beträchtliche Änderungen.

Wir hatten im Fall $\Delta a = -0{,}7916 + 0{,}0642\, \Delta\, \odot$ die folgenden Achsen und Exzentrizitäten:

Ω	a	e	φ
123°19′	42.9	0.977 783	77°54′
138 19	24.3	0.960 499	73 50
148 19	19.9	0.951 579	72 6

Zur Erklärung der angenommenen Halbachsen und Exzentrizitäten ist es also nur erforderlich, daß sich die Teilchen, die wir jetzt in den äußersten Flügeln des Stromes beobachten, einmal der Erde auf 0.000 13 *AE* genähert haben. Eine mit größeren Intervallen durchgeführte Berechnung der speziellen Störungen durch Jupiter und Saturn zeigt, daß die Änderungen der großen Halbachsen durch Jupiter und Saturn wesentlich geringer sind als die durch Erdstörungen.

Man kann sich demnach etwa das folgende Bild von der Entstehung des Perseidenstromes machen: Nachdem die Meteorteilchen sich annähernd gleichförmig über die Bahnellipse des Erzeugerkometen verteilt hatten, wozu nur ganz minimale Unterschiede in den Umlaufsgeschwindigkeiten erforderlich waren, kam jährlich ein kleiner Teil der Meteore beim Passieren des absteigenden Knotens in Erdnähe und erlitt dabei stärkere Änderungen der großen Halbachse und — abgesehen vom Exzentrizitätswinkel — nur geringe Änderungen der übrigen Bahnelemente. Durch diese Änderungen der großen Halbachsen waren aber die Voraussetzungen gegeben für eine stärkere Differenzierung der Säkularstörungen, die den Strom so weit auseinanderfächerten, daß nach einer Einwirkungsdauer von etwa 80 000 Jahren die Erde vier Wochen benötigt, um ihn zu durchqueren.

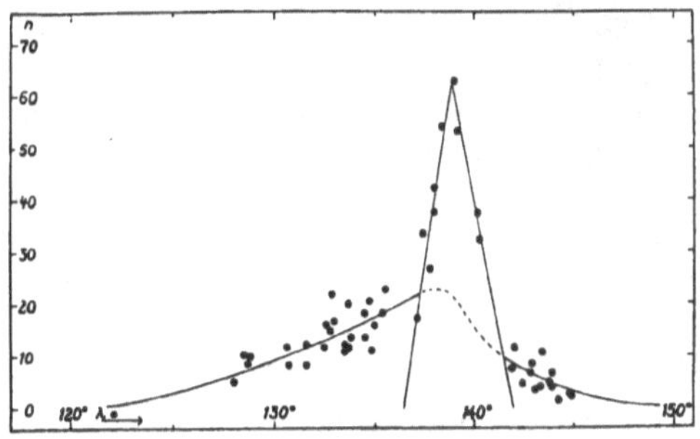

Abb. 15. Zahl der pro Stunde beobachteten Perseiden in Abhängigkeit von der Sonnenlänge.

Es werden sich also diejenigen Teilchen des Perseidenstromes, die noch keine stärkere Annäherung an Erde, Jupiter und Saturn gehabt haben, ziemlich genau in der Bahn des Kometen bewegen und bei einer Sonnenlänge beobachtet werden, die sich wenig von 138°19′ unterscheidet. Diese Teilchen haben daher auch die gleichen Säkularstörungen wie der Komet erlitten.

Die Teilchen aber, die diesen Planeten näher kamen, stärkere Änderungen ihrer großen Halbachsen und damit auch andere Säkularstörungen als der Komet erfuhren, beobachten wir in den Flügeln des Stromes.

In den Jahren 1931—1936 wurden in Sonneberg 853 Perseiden beobachtet. Berechnet man aus diesem Material die stündliche Zahl der Perseiden und korrigiert diese wegen Zenitabstand, so ergibt sich eine Häufigkeitsverteilung, wie sie Abb. 15 zeigt.

Man sieht deutlich, wie die Zahl der Meteore stark ansteigt, wenn sich die Erde der Sonnenlänge nähert, die dem Knoten der unabgelenkten Meteore entspricht. Man kann diese Verteilung als eine Überlagerung zweier Häufigkeitsverteilungen, der der unabgelenkten Meteore und der der Flügelmeteore, auffassen. Die Beobachtungen ergeben also eine Verteilung, wie sie auf Grund der vorstehenden Untersuchungen zu erwarten ist.

Wünschenswert wäre eine Überprüfung des angenommenen Ganges der großen Halbachsen durch Bestimmung von Perseidengeschwindigkeiten mittels moderner Methoden (mit rocking mirror, elektrophysikalisch oder durch Aufnahmen von zwei Stationen mit rotierenden Sektoren).

Massenmäßig bietet die Annahme eines Alters von 80 000 Jahren keinerlei Schwierigkeiten. Solange kein nennenswerter Bruchteil der Teilchen sich in hyperbolischen Bahnen bewegt, erleidet der Strom praktisch nur dadurch Massenverluste, daß alljährlich ein Teil der Partikel in die Erdatmosphäre gerät.

Gingen bei einem Durchgang der Erde durch den Strom in 30 Tagen stündlich 1000 Meteore von je 10 mg auf diese Weise verloren, so bedeutete dies einen jährlichen Massenverlust von 7200 g. Massenabschätzungen von Kometen sind zwar sehr unsicher, führen aber im allgemeinen auf Massen von 10^{18}—10^{20} g. Hoffmeister schätzte die Masse des Perseidenstroms durch Überschlagsrechnung auf 10^{16} g.

Whipple [24] berechnete aus den beobachteten Störungen des Enckeschen Kometen ein Alter des mit ihm in Zusammenhang gebrachten Tauridenstroms von 14 000 Jahren.

Es erscheint somit möglich, die enorme Breite des Perseidenstromes allein durch Planetenstörungen zu erklären, ohne daß man zu einer Annahme über stärkere Kräfte im Innern des Erzeugerkometen gezwungen ist.

Die Anregung zu vorliegender Arbeit gab Herr Prof. Hoffmeister. Ihm, Herrn Prof. Kahrstedt und Herrn Prof. Hund möchte ich für fördernde Diskussionen herzlichst danken.

Liste der benutzten Radianten

☊ = ☉	α	δ	Zahl der Radianten	Zahl der Meteore	Quelle
138°	47°	+54°	15	148	H
134	48	+54	8	82	H
135	35	+57	5	38	H
137	47	+54	4	32	H
139	50	+58	6	108	H
			Wahrscheinlichkeitszahl		
138.6	46	+60	10		H
139.6	45	+60	6		H
139.6	53	+57	6		H
137.0	43	+54	10		H
134.6	37	+57	7		H
136.0	44	+60	7		H
137.4	52	+57	7		H
128.5	30	+48	8		H
133.4	51	+49	7		H
136.2	36	+51	6		H
136.2	47	+48	8		H
138.2	38	+59	6		H
138.2	53	+57	7		H
134.1	45	+56	8		H
137.9	49	+56	10		H
139.8	52	+56	10		H
139.8	45	+57	7		H
129.7	33	+57	10		H
129.7	40	+51	10		H
140.2	46	+57	10		H
140.2	54	+54	10		H
137.1	50	+55	10		H
137.1	55	+61	10		H
138.1	36	+55	10		H
138.1	46	+60	10		H
138.1	51	+52	10		H
139.1	37	+54	10		H
139.1	43	+58	10		H
139.1	45	+57	10		H
140.0	42	+56	10		H
144.5	57	+58	6		H
138.5	34	+58	9		H
133.8	36	+56	9		H
134.8	33	+56	7		H
143.3	48	+57	6		H
128.8	31	+50	6		H
130.6	30	+53	7		H
131.6	32	+55	9		H
132.6	27	+56	7		H
133.5	37	+56	10		H
134.5	41	+59	10		H
134.5	47	+52	10		H

⊙	α	δ	Wahrschein-lichkeitszahl	Quelle	
135.5	36	+56	10	H	
137.4	43	+56	10	H	
138.4	40	+55	10	H	
138.0	43	+58	10	H	
142.9	51	+59	10	H	
138.0	45	+60	6	H	
139.9	49	+59	9	H	
138.7	42	+57	9	H	
140.3	49	+55	10	H	
140.4	56	+57	7	H	
132.8	30	+53	7	H	
133.8	50	+55	6	H	
134.7	40	+60	7	H	
135.7	46	+55	10	H	
138.0	47	+56	10	H	
134.7	42	+56	10	H	
137.9	48	+55	9	H	
138.6	44	+56	10	H	
132.7	40	+53	8	H	
135.5	39	+57	10	H	
138.6	40	+57	10	H	
140.2	52	+54	8	H	
			Zahl der Meteore		Bemerkung
138.1	38.3	+57.1	15	O	
138.1	52.3	+55.4	15	O	
138.1	43	+55.7	10—13	O	
139.1	45.1	+55	16—17	O	
139.1	48.6	+57	18	O	
139.2	43.4	+55.9	14	O	
140.1	45.6	+57.4	17	O	
130.6	36	+54	12	O	f
125.6	36.5	+51.8	6—7	O	g
134.5	38	+56.2	7	O	g
132.9	38.7	+58	10	O	f
135.4	40	+55.5	9	O	g
137.3	41.8	+55.5	30	O	g
138.1	41.9	+54.6	10	O	g
140.9	42.2	+57	8	O	g
139.0	42.6	+56	44	O	g
137.7	42.9	+54.9	11	O	g
138.1	43	+56	6—7	O	g
137.9	44.2	+56.8	10	O	g
139.0	44.3	+56.3	45	O	g
137.9	44.5	+56	14	O	g
140.9	48.2	+53.4	12	O	g
144.8	49	+53.6	7	O	g
143.8	49.8	+54.8	6—7	O	g
127.1	28.8	+54.1	6—7	O	g

⊙	α	δ	Zahl der Meteore	Quelle	Bemerkung
130.0	29°	+54°	6	O	f
133.6	33.0	+52.8	15	O	g
138.4	38.5	+55.8	6	O	g
134.5	40.2	+55.0	30	O	g
139.0	40.8	+56.1	12	O	g
138.9	41.6	+55.2	6	O	f
138.0	41.8	+55.0	21	O	g
138.4	42.8	+54.4	10	O	g
138.0	43	+56	9	O	f
139.1	43.2	+54.6	13	O	g
137.8	43.8	+54.8	22	O	g
138.5	43.9	+57.8	9	O	g
138.0	44.0	+54.6	11	O	g
138.0	44.0	+55.1	39	O	g
137.6	44.4	+53.6	12	O	g
138.9	44.5	+54	16	O	g
138.5	44.6	+56.6	15	O	g
133.4	45.0	+53.2	18	O	g
138.5	45.0	+53.7	48	O	g
139.6	45.0	+55.0	8	O	f
139.0	45	+55	11	O	f
140.1	45.3	+54.2	5	O	g
139.9	45.5	+52	5	O	g
138.6	46.0	+54.4	17	O	g
139.4	46.6	+56.6	14	O	g
139.0	46.6	+57.0	16	O	g
136.0	46.8	+54	5	O	f
140.0	46.9	+58.3	9	O	g
140.4	47.0	+53.6	35	O	
131.7	47.0	+54.2	8	O	g
141.1	50	+57.9	11	O	g
142.3	50.3	+51	21	O	g
143.8	53.8	+59.2	6	O	g
141.1	55	+56.8	5	O	g

g = good H = HOFFMEISTER
f = fair O = OLIVIER

Literaturverzeichnis

[1] QUETELET, A., Catalogue des Principales Apparations d'Etoiles Filantes 1839.

[2] SCHIAPARELLI, J. V., Entwurf einer Astronomischen Theorie der Sternschnuppen. Stettin 1871.

[3] BRÉDIKHINE, TH., Études sur l'Origine des Météores cosmiques et la Formation de leurs Courants. St. Petersbourg 1903.

[4] OLIVIER, CHARLES P., Meteors. Baltimore 1925.

[5] GUIGAY, GEORGES, Recherches sur la Constitution du Courant d'Étoiles filantes des Perséides. St. Amand (Cher) 1948.

[6] HOFFMEISTER, C., Meteorströme. Weimar 1948.

[7] Publ. of the LEANDER McCORMICK Observatory, Vol. II Part 4; Vol. II Part 7; Vol. V Part 1.

[8] ASTAPOVICH, J., East Branch of Perseid Shower and Comet 1870^{I}, Bulletin of the Observers' Corporation of the Astronomical-Geodetical Society of the USSR No. 19 (1933).

[9] NIESSL, G. v., Theoretische Untersuchungen über die Verschiebungen der Radiationspunkte aufgelöster Meteorströme. S.-B. Akad. Wiss. Wien, II. Abt. Bd. 83 (1881).

[10] WEISS, E., S.-B. Akad. Wiss. Wien, II. Abt., 57.286.

[11] SVOBODA, H., Déduction du point radiant variable des Lyrides de la figure du courant méteorique. Bull. international de l'Académie des Sciences de Bohême 1914.

[12] VOROSHILOFF, K. A., Orbit and Ephemeris of the Lyrid Shower according to Observations in USSR (1909—1936), Astr. Journal of Soviet Union XVI/3 (1939).

[13] HAYN, F., Bahnbestimmung des Cometen 1862 III, Göttinger Inaugural-Dissertation. Leipzig 1889.

[14] HOFFMEISTER, C., Die Meteore. Leipzig 1937.

[15] TISSERAND, F., Traité de Mécanique Celeste, Tome IV. Paris 1896.

[16] CALLANDREAU, Comptes Rendus, Vol 112.1304 (1891).

[17] NEWCOMB-ENGELMANN, Populäre Astronomie. Leipzig 1948.

[18] MOORE, I. H., The Spectrum of Pons-Winnecke Comet. Publ. of the Astr. Society of the Pacific 39.221 (1927).

[19] RICHTER, N., Helligkeitsschwankungen der Kometen und Sonnentätigkeit II. Statistik und Theorie abnormer Lichtausbrüche von Kometenkernen. Astr. Nachr. 277.12 (1949).

[20] HILL, G. W., On GAUSS's Method of Secular Perturbations. Astronomical Papers Vol. I, Washington 1882.

[21] IAU Circulaire No. 1211.

[22] Annales de l'Observatoire de Paris, Memoires; Tome XI, 1re Partie. Paris 1876.

[23] SHAJN, G., The Disturbing Action of Earth on Meteoric Showers. Mon. Not. R. A. S. 83.341 (1923).

[24] WHIPPLE, F. L., Photographic Meteor Studies III. The Taurid Shower. Proceedings of the American Philosophical Society, Vol. 83, No. 5 (1940) = Harvard Repr. 210.

Früher erschienen:

VERÖFFENTLICHUNGEN DER STERNWARTE IN SONNEBERG

Band 1

Heft 1 *C. Hoffmeister*
Zur Photometrie der Milchstraße 42 Seiten — 1947 — DM 6.—

Heft 2 *P. Ahnert / C. Hoffmeister / E. Rohlfs / A. van de Voorde*
Die veränderlichen Sterne der nördlichen Milchstraße, Teil IV
156 Seiten — 1947 — DM 10.—

Heft 3 *P. Ahnert / C. Hoffmeister / E. Rohlfs / A. van de Voorde*
Die veränderlichen Sterne der nördlichen Milchstraße, Teil V
198 Seiten — 1949 — DM 15.—

Heft 4 *H. Schneller*
Eine einfache Methode zur Bestimmung der Systemkonstanten bei Bedeckungsveränderlichen 52 Seiten — 1949 — DM 7.25

Heft 5 *P. Ahnert / C. Hoffmeister / E. Rohlfs / A. van de Voorde*
Die veränderlichen Sterne der nördlichen Milchstraße, Teil VI
92 Seiten — 54 Abbildungen — 1951 — DM 13.—

ASTRONOMISCHE ABHANDLUNGEN

Ergänzungshefte zu den „Astronomischen Nachrichten“

Band 11

Heft 1 *P. Guthnick / H. Schneller*
Benennung von veränderlichen Sternen, 40. Liste (Nachlieferung)
26 Seiten — 1942 — DM 4.50

Heft 2 *H. Pohl*
Über die Bestimmung der Randverdunkelung bei 21 Cassiopeiae (Nachlieferung) 32 Seiten — 1942 — DM 5.—

Heft 3 *P. Guthnick / H. Schneller*
Benennung von veränderlichen Sternen, 41. Liste (Nachlieferung)
12 Seiten — 1943 — DM 2.50

Die Hefte 1, 2 und 3 des Bandes 11 sind nur in geringen Restbeständen vorhanden und können nur an die Abonnenten geliefert werden, die sie unbedingt zur Vervollständigung ihrer Bestände benötigen.

Heft 4 *M. Beyer*
Über den Lichtwechsel der Veränderlichen mit Perioden von 30 bis 150 Tagen 114 Seiten — 7 Textabb. — 1948 — DM 20.—

Heft 5 *A. A. Wachmann*
Beobachtungen von Veränderlichen in der Umgebung von Kapteyn-Feldern der nördlichen Milchstraße, Teil II
48 Seiten — 1948 — DM 13.—

Band 12

Heft 1 *C. Hoffmeister*
Verzeichnis von 1440 neuen veränderlichen Sternen mit Angaben über die Art ihres Lichtwechsels 36 Seiten — 1949 — DM 16.50

Heft 2 *M. Beyer*
Untersuchungen des Lichtwechsels von 70 unperiodischen Veränderlichen 76 Seiten — 1950 — DM 9.—

Bestellungen an eine Buchhandlung oder an den Verlag erbeten

A K A D E M I E - V E R L A G · B E R L I N N W 7

SCIENTIA ASTRONOMICA

Monographien aus dem Gesamtbereich der Astronomie und kosmischen Physik

Heft 1 *Karl Wurm*
Die planetarischen Nebel — VIII u. 136 Seiten
15 Tafeln — 11 Textfiguren — 33 Tabellen — 1951 — DM 19.80

Heft 2 *W. Gleißberg*
Die Häufigkeit der Sonnenflecken — (Im Druck)

Karl Wurm
Kometen — (In Vorbereitung)

Herrmann Lambrecht
Das interstellare Medium — (In Vorbereitung)

IN WEITEREN SCHRIFTEN-REIHEN SIND ERSCHIENEN

P. Guthnick

Untersuchungen über das System Beta Lyrae
(in Abhandl. d. Dt. Akad. d. Wiss. z. Berlin) 32 Seiten — 1948 — DM 4.—

P. Guthnick

Ein Universalinstrument für lichtelektrische Helligkeitsmessungen an Himmelsobjekten
(in Abhandl. d. Dt. Akad. d. Wiss. z. Berlin) 8 Seiten — 1947 — DM 2.—

P. Guthnick

Über einen eigenartigen neuen Bedeckungsveränderlichen, I. Mitteilung
(in Abhandl. d. Dt. Akad. d. Wiss. z. Berlin) 18 Seiten — 1948 — DM 2.—

H. Kienle

Die Maßstäbe des Kosmos
(in Vorträge und Schriften) 30 Seiten — 1948 — DM 1.50

O. Heckmann / W. Dieckvoss / H. Kox

Die Ableitung der Eigenbewegungen von Sternen der AG-Kataloge mit Benutzung der Photographischen Himmelskarte, insbesondere in der Zone +20° bis 25° (Berlin B)
(in Sitzungsber. d. Dt. Akad. d. Wiss. z. Berlin) 32 Seiten — 1949 — DM 2.65

Bestellungen an eine Buchhandlung oder an den Verlag erbeten

A K A D E M I E - V E R L A G · B E R L I N N W 7

FSC
www.fsc.org
MIX
Papier | Fördert gute Waldnutzung
FSC® C083411

Zeitfracht Medien GmbH
Ferdinand-Jühlke-Straße 7
99095 Erfurt, Deutschland
produktsicherheit@kolibri360.de